Katzenhaltung: Was Sie als Katzenbesitzer über das artgerechte Halten von Katzen wissen müssen – ein unterhaltsamer Katzenratgeber

Tanja Lobwald

Für alle, die zum Katzenflüsterer oder zur Katzenflüsterin werden wollen!

Inhaltsverzeichnis

Vorwort

Liebe Leserin und lieber Leser,

Sie haben sich wahrscheinlich aus gutem Grund für dieses Buch entschieden: Entweder steht der Einzug eines flauschigen Mitbewohners bevor oder Sie wollen das bereits bei Ihnen wohnende Kätzchen besser kennenlernen. In beiden Fällen lagen Sie mit dem Griff zu diesem Buch goldrichtig, denn hier erwarten Sie viele wertvolle Informationen rund um das Thema Katze. Sie erfahren, was sie vor der Adoption einer Katze alles beachten müssen und welches Equipment Ihr neuer Mitbewohner bei Ihnen erwartet. Zudem werden Sie erfahren, ob es sinnvoll ist eine Katze alleine zu halten und wie Ihr zu Hause im Idealfall für die Katze beschaffen sein sollte.

Danach widmen wir uns einem heiß diskutierten Thema: Wie sieht die artgerechte Katzenernährung aus?

In diesem Buch erfahren Sie nicht nur, woran Sie ein hochwertiges Fertigfutter für Ihre Katze erkennen, sondern auch, wie Sie die Fütterung mit rohem Fleisch (BARF) zu Hause selbst bewerkstelligen können. Eine gesunde und ausgewogene Ernährung ist die optimale Grundlage für ein langes Leben.

Die Gesundheitsvorsorge wird durch regelmäßige Besuche beim Tierarzt komplettiert, und wir werden einen Blick auf gesundheitliche Themen rund um die Katze werfen.

Zu guter Letzt sehen wir uns den Alltag mit einem Stubentiger an und Sie werden einige Inspirationen bekommen, wie Sie Ihren Stubentiger beschäftigen und den Tag interessanter gestalten können. Somit sind Sie rundum mit allen notwendigen Informationen für ein glückliches Zusammenleben mit Ihrer Katze versorgt.

Ich wünsche Ihnen viel Spaß beim Lernen und Lesen!

Tanja Lobwald

P.S.: Schauen Sie doch mal auf unserer Webseite **katzensprache-lernen.de** vorbei. Sie können uns auch gerne unter info@katzensprache-lernen.de kontaktieren.

Kapitel 1: Bevor eine Katze oder ein Kater bei Ihnen einzieht...

Die Anschaffung eines Haustieres muss natürlich gut bedacht sein. Damit Sie alle für diese Überlegung wichtigen Faktoren berücksichtigen können, erfahren Sie in diesem Kapitel, was Sie vor der Adoption einer Katze beachten sollten. Die Entscheidung für die Adoption einer Katze sollte aufgrund von rationalen Argumenten getroffen werden, damit das langfristige harmonische Zusammenleben und die optimale Versorgung des Tieres gewährleistet sind.

Allzu oft sind wir beim Anblick eines kleinen Kätzchens emotional in wenigen Sekunden von der Adoption dieser Katze überzeugt – in diesem Moment sind wir absolut hingerissen und mit unseren Gedanken fernab von rationalen Überlegungen.

Die nächsten 20 Jahre im Blick haben

Was haben Sie für die nächsten 20 Jahre geplant - einen längeren Auslandsaufenthalt, häufige Umzüge oder Ähnliches? Mit der Adoption einer Katze übernehmen Sie für ungefähr 20 Jahre die Verantwortung für ein kleines miauendes Lebewesen und dementsprechend sollten Sie eine grobe Idee haben, ob eine Katze in Ihre Lebensplanung für die nächsten 20 Jahre passt.

Dabei sollten Sie bedenken, dass eine Katze sich schnell an ihre Umgebung gewöhnt und diese als ihr Revier ansieht, welches sie nur ungern verlässt. Aber nicht nur Ihr Wohnort sollte möglichst konstant sein, sondern auch Ihre Lebenssituation. Besonders in den ersten Tagen und Wochen benötigt der Neuankömmling Ruhe und Entspannung, um sich an sein neues zu Hause zu gewöhnen. Falls also in der nächsten Zeit größere Veränderungen bevorstehen, sollten Sie mit der Adoption einer Katze warten und diese auf einen späteren, ruhigeren Zeitraum verschieben.

Im Konsens entscheiden

Eine weitere Überlegung betrifft die involvierten Familienmitglieder. Sind alle im Haushalt lebenden Familienmitglieder oder Mitbewohner mit dem Einzug eines flauschigen Mitbewohners einverstanden? Und haben sich alle Familienmitglieder und Mitbewohner auf eine mögliche Katzenhaarallergie testen lassen? Möglicherweise leben Sie bis zu 20 Jahre mit der Katze zusammen und dies sollte für alle Parteien möglichst angenehm sein. Kinder sind in der Regel sehr leicht zu begeistern, wenn es um den möglichen Einzug eines tierischen Mitbewohners geht. Allerdings sollte die Entscheidung niemals „nur" den Kindern oder dem Kind überlassen werden, denn diese können eine solch große Verantwortung nicht übernehmen und die Konsequenzen dieser Entscheidung nicht adäquat beurteilen. Schließlich muss die Katze artgerecht versorgt werden, Tierarztkosten müssen gedeckt werden und eine liebevolle Urlaubsbetreuung muss organisiert werden – um nur einige mit dieser Entscheidung verbundenen Facetten zu erwähnen. Die Entscheidung über den Einzug eines tierischen Mitbewohners sollte also durch die im Haushalt verantwortlichen Erwachsenen geschehen. Im Hinblick auf die Finanzen sollten Sie jährlich grob 800-1000 Euro für Futter, Spielsachen, Tierarztkosten und alles Weitere einplanen.

Vielleicht fallen besonders in den ersten Jahren weniger Tierarztkosten an und somit lohnt es sich ein wenig Geld für eventuelle spätere Behandlungen beim Tierarzt zurückzulegen. Denn vor allem ältere Katzen können ein geschwächtes Immunsystem oder chronische Krankheiten entwickeln, die es zu behandeln gilt. Natürlich können Sie Glück haben und eine bis zum Tode rundum gesunde Katze haben, aber eine Operation nach einem unglücklichen Zusammentreffen mit einem Fahrrad oder einem Auto kann neben einer emotionalen Belastung auch zu einer finanziellen Belastung werden!

Ist das Revier groß genug?

Egal, ob die Katze Zugang nach draußen hat oder nicht – sie alle benötigen ein ausreichend großes Revier in Ihren vier Wänden, denn dort muss Platz für die verschiedensten Aktivitäten sein. Ihre Katze benötigt einen Platz für die Nahrungsaufnahme, zum Entspannen, zum Toben und für die Verrichtung ihres Geschäfts. Grundsätzlich sollte Ihre Wohnung oder Ihr Haus den für die verschiedenen Katzenaktivitäten ausreichend Platz bieten. Zusätzlich sollten Sie bereit sein einige Katzenmöbel und Katzenspielzeug in Ihr zu Hause zu integrieren. In jedem gut sortierten Zoofachhandel und im Internet finden Sie ansprechende und stilvolle Katzenmöbel. Die Anschaffung dieser Katzenmöbel ist vor allem sinnvoll, wenn Ihre Katze keinen Zugang zu Abenteuern im Freien hat und sich somit die Zeit in Ihrem Zuhause vertreiben muss. Sollte dies der Fall sein, sollten artgerechte Kletter- und Bewegungsmöglichkeiten zur Verfügung stehen.

Sind sie bereit dazu, Ihrer Katze den notwendigen Platz innerhalb Ihres Zuhauses zuzugestehen? Sicherlich können Katzen daran gewöhnt werden bestimmte Räumlichkeiten nicht zu betreten, aber sie werden diese Regel weniger strikt berücksichtigen, als z.B. ein Hund. Katzen haben durchaus auch betreffend ihrer Wohnsituation ihren Eigensinn, wobei wir schon beim nächsten Thema wären!

Katzen brauchen kein Herrchen oder Frauchen

Sind Sie bereit für ein Haustier, dass Sie nicht als Herrchen oder Frauchen ansieht, sondern als menschlichen Mitbewohner? Dann ist eine Katze das ideale Haustier für Sie, denn Katzen sind unglaublich selbstständig und sie sind ihr eigenes Herrchen (oder Frauchen).
Sie werden also eher selten in den Genuss kommen Ihrer Katze ein Herrchen oder Frauchen zu sein, denn Ihre Katze sieht Sie vielmehr als haarlosen Mitbewohner.

Katzen fühlen sich durchaus wohl im Familienverband und sind bereit sich an die dort herrschenden Regeln im groben Rahmen anzupassen – aus ihrem sozialen Antrieb heraus. Ihre Katze wird Ihr Zuhause schon nach wenigen Tagen oder Wochen als ihr eigenes Revier ansehen und somit innerhalb ihrer Möglichkeiten ihre Triebe ausleben. So kann es durchaus vorkommen, dass die Katze das ein oder andere Mal ihre Krallen an dem schönen Holzschrank wetzt, sie beim Toben eine Pflanze umwirft oder eben das Waschbecken zu ihrem Ruheplatz auswählt. Katzen lassen sich eben weniger gut

„trainieren" und erziehen als Hunde, auch wenn sie durchaus dazu bereit sind einige Regeln oder Kunststücke zu erlernen.

Können Sie sich vorstellen, dass der Eigensinn Ihrer Katze nicht zum Problem wird, sondern eine wunderbare Bereicherung für Ihren Alltag darstellt? Denn Sie holen sich mit einer Katze einen absolut autonomen Mitbewohner ins Haus, der zu seiner eigenen Zeit sein Frühstück, sein Abendessen, seine Ruhe und seine Streicheleinheiten einfordert: Fürsorge ohne direkte Führung eben. Der soziale Trieb der Katzen sorgt dafür, dass die Katze sich innerhalb des vorherrschenden häuslichen Systems einfindet und somit das harmonische Gleichgewicht bestehen bleibt, auch wenn so manche Katze eine gute Führungspersönlichkeit abgeben würde.

Die Katze möchte Ihre Aufmerksamkeit

Eine Katze verlangt von Ihnen als Halter die Berücksichtigung und Erfüllung ihrer Bedürfnisse. Dazu gehört es, der Katze mindestens zweimal täglich eine artgerechte und gesunde Mahlzeit zu präsentieren (die Aufgabe der Katze ist es in diesem Fall ab und an die köstliche Mahlzeit mürrisch zu betrachten), der Katze ausreichend Auslauf zu gewähren oder die Wohnung entsprechend interessant zu gestalten, und eben auch die Katze im Alltag wahrzunehmen. Das beginnt morgens mit einer Streicheleinheit als Begrüßung, mit einer Streicheleinheit am Abend, einer Streicheleinheit, nachdem der schreckliche Staubsauger da war und natürlich eine

Streicheleinheit, wenn die Katze von einem erfolgreichen Beutezug wieder nach Hause zurückkehrt. Dies sind natürlich nur Beispiele, denn jede Katze hat ein ganz individuelles Bedürfnis nach Zuwendung und Nähe. Sie müssen sich nicht sklavisch den von Ihrer Katze geforderten Streicheleinheiten unterwerfen und natürlich auch mal keine Zeit (oder Lust!) haben. Dennoch sollten Sie bereits vor der Anschaffung einer Katze überlegen, ob Sie bereit sind Zeit und Energie in die Beziehung zu Ihrer Katze zu investieren.
Höchstwahrscheinlich können Sie zum jetzigen Zeitpunkt nicht einschätzen, ob Ihr zukünftiger tierischer Mitbewohner gerne erzählt, morgens in Ruhe gelassen werden möchte, abendliche Streicheleinheiten liebt oder gerne getragen wird. Sie wissen nur, dass Sie offen für die Art Ihrer Katze sein müssen, um eine vertrauensvolle und liebevolle Bindung zu ihr aufbauen zu können – wie klingt das für Sie?

Die Balance finden

Katzen lieben Beständigkeit und das Abenteuer! Ja, was denn nun? Genau, Katzen möchten eine beständige Basis im Rahmen derer sie Abenteuer wählen kann. Katzen reagieren in der Regel alles andere als gelassen auf erzwungene Abenteuer wie Reisen, Umzüge oder Ähnliches. Hat die Katze aber eine verlässliche Basis, einen gewohnten Rhythmus und feste Bezugspersonen, ist sie durchaus bereit sich in diesem Rahmen in das ein oder andere Abenteuer zu stürzen.

Können Sie Ihrer Katze diese beständige Basis mit der Extraportion Abenteuer bieten? Besonders junge Katzen möchten innerhalb ihres gewohnten Umfeldes durch Abenteuer unterhalten werden, sodass sie ihre Fähigkeiten und Fertigkeiten durch das Experimentieren ausbauen können.

Katzen und Kinder?

Sie haben bestimmt schon einmal von einer Familie im Bekanntenkreis gehört, in welcher sich Kind und Katze so gar nicht verstehen wollten. Die Schuld wird zumeist auf die Persönlichkeit der Katze geschoben – was auch durchaus die Ursache sein kann – aber zumeist ist es doch ein Zusammenspiel vieler verschiedener Faktoren.

War die Katze vor dem Baby da, fühlt sich nun vielleicht vernachlässigt und zeigt dies durch das Urinieren außerhalb des Katzenklos? Oder möchte das Kätzchen sich eben nicht wie auf den vielen Fotos auf sozialen Medien beim Mittagsschlaf eng an den eigenen Nachwuchs kuscheln?

Grundsätzlich gilt: Die Beziehung zwischen Katzen und Kindern ist so gut, wie Sie als Erwachsene dafür die Basis bilden. Zum einen müssen alle Parteien ihre Bedürfnisse erfüllt sehen und zum anderen müssen Kinder den Umgang mit einem Haustier erlernen (genauso wie die Katze den Umgang mit Menschen erlernen musste). In der Regel funktioniert dies ganz intuitiv, besonders wenn Kinder mit Katzen aufwachsen und die Katze gut in den familiären Kreis integriert ist. Trotzdem muss Kindern deutlich gemacht werden, das Verhalten der Katze zu respektieren und Sie nicht als Spielzeug zu betrachten. Nicht alle Katzen wollen als „Puppe" im Kinderwagen herumgefahren werden und wehren sich dementsprechend. Das kann von Kindern oftmals falsch

interpretiert werden, was zu einem schlechten Verhältnis führen kann.
Je nach Alter des Kindes können Sie mit Ihrem Kind klare Regeln im Umgang mit der Katze absprechen. Die allermeisten Kinder haben eine starke Intuition und gehen ganz von sich aus liebevoll, respektvoll und nachsichtig mit den tierischen Bewohnern um. Falls Ihr Kind bereits schlechte Erfahrungen mit Tieren gemacht hat, gilt es, ein extra Auge auf mögliche Angstreaktionen des Kindes zu werfen, die zwar verständlich, aber dennoch für die Katze nicht schön sind. Das Kind oder die Kinder sollten zu keiner Zeit das Gefühl haben, mit der Katze um den ersten Platz in Ihrer Prioritätenliste zu ringen. Besonders wenn die Katze neu einzieht, richtet sich die gesamte Aufmerksamkeit erstmal auf den kleinen Tiger. Machen Sie es Ihrem Kind leicht und beziehen Sie es ganz aktiv in die Pflege der Katze mit ein. So ist es nicht „Meine Eltern kümmern sich um die neue Katze“, sondern „Wir kümmern uns gemeinsam“. Anhand Ihres Verhaltens wird Ihr Kind schnell lernen, wie der ideale Umgang mit einem Tier aussieht, denn wir Menschen lernen vor allem durch Nachahmung. In verschiedenen TV-Serien wird den Kindern natürlich ein Bild von Tieren vermittelt, das nicht mit der Realität übereinstimmt. Katzen sind keine Kuscheltiere und stehen auch, nachdem sie von einem Schrank begraben wurden, nicht wieder fröhlich auf – so hart es auch klingen mag: Der natürliche Umgang mit Kindern kann durch schlechte Vorbilder in Medien negativ beeinflusst werden.

Falls Ihr Kind noch sehr klein ist, wird es schnell an der Reaktion der Katze merken, wenn es ihr wehgetan hat. Klar, es ist wahnsinnig interessant mal an diesem flauschigen Ding zu ziehen, dass immer am Spielteppich vorbeiwedelt. Im schlimmsten Fall wehrt sich die Katze, im Idealfall rennt sie quietschend oder schreiend weg. Auch kleinen Kindern kann an dieser Stelle erklärt werden, wie das Kind sein Interesse auf katzenfreundliche Art ausdrücken kann. Zu schimpfen und zu verbieten, ergibt in der Regel keinen Sinn, denn Ihr Kind handelt aus positivem Interesse heraus, nicht aus negativen Absichten. Also einfach den Forscherdrang der Kleinen in katzenfreundliche Bahnen lenken. Auch ältere Kinder werden erst einmal austesten, wie sich der Kontakt mit der Katze gestalten lässt. Helfen Sie Ihrem Kind katzenfreundliche Annäherungsversuche zur Gewohnheit zu machen. Eine gute Hilfestellung für Ihr Kind ist, wenn Sie ihm die Katzensprache erklären: Fauchen, Knurren und Wegrennen bedeuten „nicht schön“ und Schnurren, Näherkommen und Streicheln lassen gehören zur Kategorie „schön“. Die Katzensprache für das Kind zu übersetzen, kann also viele Konflikte von vorne herein verhindern.

Ganz klar ist, dass die Katze beim Fressen, auf der Toilette und beim Schlafen ihre Ruhe haben möchte. Das gilt höchstwahrscheinlich für jedes Familienmitglied und sollte somit für das Kind nicht allzu schwer zu akzeptieren sein. Zudem sollte auch selbstverständlich werden, dass nach dem Füttern der Katze, nach der Hilfe beim Säubern der

Katzentoilette, nach dem Waschen des Futternapfs und Ähnlichem Händewaschen angesagt ist.

Es gibt einige Katzenrassen, die besser in einem kinderreichen Haushalt zurechtkommen und die kleinen Mitbewohner zu schätzen wissen. Generell gilt, dass ältere Katzen einen weniger ausgeprägten Spieltrieb haben und somit auf die Spielversuche der Kinder nicht unbedingt gut reagieren – alte Katzen haben gerne ihre Ruhe. Natürlich gibt es auch höchst aktive alte Stubentiger, die sich über einen aufregenden und vielfältigen Alltag mit Kindern freuen. Es gibt einige Katzenrassen, denen Kinderfreundlichkeit nachgesagt wird. Das sind unter anderem die ursprünglich aus den USA stammende Ragdoll-Katze, die Siamkatzen, die Somali-Katzen, Main Coon, Birma, Perser, Russisch Blau und die Sibirischen Katzen. Diese Katzenrassen sind etwas robuster als die durchschnittliche Katze und können auch mal ein wilderes Fangen-Spiel mit den Kindern überstehen – und genießen! Besonders Ragdoll-Katzen freuen sich über einen abwechslungsreichen Alltag und werden sich bereitwillig den tobenden Kindern anschließen. Siamkatzen sind im Allgemeinen sehr menschenbezogen und machen mit ihrer Liebe natürlich auch nicht vor den kleinen Menschenkindern Halt. Hier können intensive Freundschaften entstehen und die Gesprächigkeit der Siamkatzen erfreut die meisten Kinder außerordentlich. Auch die sibirischen Katzen sind überaus vital, intelligent und freuen sich über unermüdliche Spielkameraden. Geht es mal etwas lauter zu, sind diese Katzen sofort zur Stelle und möchten mitmischen. Ganz ähnlich ist es bei den Somali-Katzen, die sich über jede Menge Auslauf, Action und viele Mitbewohner freuen.

Bedenken Sie auch, dass Kinder niemals für das Wohlergehen eines Haustieres verantwortlich gemacht werden können. Klar, Kinder können ganz aktiv in die Pflege miteinbezogen werden und beim Füttern helfen. Aber die Kinder sollten zu keiner Zeit das Gefühl haben oder den Druck verspüren, dass das Wohlergehen des Tieres in ihrer Verantwortung liegt, denn diese Verantwortung können und müssen Kinder nicht tragen – besonders, weil Sie es waren, die sich für tierischen Zuwachs entschieden haben! Kinder reagieren auch in jedem Alter (und je nach Persönlichkeit) ganz unterschiedlich auf den tierischen Mitbewohner: Im Kleinkindalter werden die Katzen zumeist wahrgenommen, gerne auch gefüttert aber nicht aktiv bespielt. Mit wachsendem Alter steigt das Interesse am Spielen und Kuscheln mit der Katze. Die Beziehung zwischen dem Kind und der Katze (oder den Kindern und den Katzen) entwickelt und verändert sich mit der Zeit! Sind diese grundsätzlichen Regeln klar, steht einem harmonischen Miteinander mit Kind und Katze nichts mehr im Wege.

Die Katze und andere Haustiere – ein gutes Team?

Und auch hier gilt: Das Team Katze-Haustiere ist nur so gut, wie Sie selbst die Grundlage dafür bieten. Von der hamsterfressenden Katze bis hin zum Hundefreund kann Ihre Katze alles sein, wenn es Raum dafür gibt. Kleinere Haustiere wecken bei der Katze zumeist einen natürlichen Jagdinstinkt, wobei es auch durchaus Katzen gibt, die den Fischen im Aquarium oder den Meerschweinchen im Käfig keinerlei Beachtung schenken. Hier spielt das Temperament Ihrer Katze natürlich auch eine Rolle.

Sollten Sie mit einem kleinen Draufgänger gesegnet sein, gilt es die notwendigen Sicherheitsmaßnahmen für einen entspannten Umgang zu schaffen. So sollte die Katze niemals mit kleineren Haustieren alleine gelassen und langsam an diese herangeführt werden. Und wie sieht es mit dem Hund-Katze-Gespann aus? Da ist die gesamte Bandbreite zwischen Erzfeinde und beste Freunde möglich. Ein gut integrierter Hund wird die Katze als Familienmitglied respektieren und eine nicht allzu ängstliche Katze wird sich an die Anwesenheit eines Hundes gewöhnen. Möglich ist, dass es zwischen Hund und Katze aufgrund der andersartigen Kommunikation zu Missverständnissen kommt, was aber kein Grund zur Besorgnis sein muss. Innerhalb kurzer Zeit werden Hund und Katze die Rangordnung festlegen (dreimal dürfen Sie raten, welchen Rang Ihre Katze haben wird!) und der Hausfrieden ist wiederhergestellt.

Welche Katzenrassen gibt es?

Alle Katzenrassen hier aufzuführen, würde den Rahmen sprengen. Aber trotzdem dürfen Sie hier einige gängige Katzenrassen mit ihren Eigenarten und Besonderheiten kennenlernen. Manche Katzen eignen sich bestens für den Singlehaushalt, andere Katzen möchten in einem Rudel leben und wieder andere Katzen freuen sich über spielende Kinder. Sie können schon bei der Wahl der Rasse den Grundstein für ein glückliches Zusammenleben legen. Aber halten Sie dabei immer im Hinterkopf, dass auch hier gilt: Die durchschnittliche Katze einer bestimmten Rasse mag menschenbezogen sein, aber das muss nicht auf jede Katze dieser Rasse in gleichem Maße zutreffen! Dies sind die beliebtesten Katzenrassen:

Maine Coon Katzen gehören zu den größten Katzenrassen der Welt und sind für ihr liebes Wesen bekannt. Diese Katzen sind erst mit drei Jahren ausgewachsen. Die Weibchen werden 4-6,5kg schwer, die Männchen 5,5-9kg. Eigentlich kommen diese Katzen aus Neuseeland und eine Maine Coon vom Züchter kostet zwischen 500 und 1000€. Es gibt sie in vielen verschiedenen Farbkombinationen und sie haben halblanges Haar. Von ihrem Wesen her sind sie anhänglich, verspielt, liebevoll, sanft und gesprächig. Die Maine Coons haben einen mittleren Bewegungsdrang und werden insgesamt auch in der Pflege als mittelmäßig aufwendig eingestuft.

Norwegische Waldkatzen stammen aus Skandinavien und gehören genauso wie die Maine Coons zu den großen Katzenrassen mit halblangen Haaren. Auch die Norweger gibt es in verschiedenen Farbkombinationen und kosten beim Züchter zwischen 550 und 1000€. Obwohl sie bzgl. Pflegeaufwand im mittleren Bereich angesiedelt werden, haben sie einen hohen Bewegungsdrang und sind äußerst verspielt. Gleichzeitig sind sie selbstbewusste und gesellige Katzen, die nicht gerne alleine leben. Die Weibchen können ein Gewicht von bis zu 7kg erreichen, die Männchen werden bis 9kg schwer.

Britisch Kurzhaar zählen zu den großen Katzen und stammen aus Großbritannien, wie der Name schon vermuten lässt. Sie kommen in allen Farben vor und haben blaue, grüne oder kupferfarbene Augen. Diese Katzen haben kurzes Haar und kommen mit einem mittleren Pflegeaufwand im Gepäck. Vom Wesen her sind sie recht unkompliziert, haben gerne auch mal ihre Ruhe, sind eigenständig, ruhig und zudem auch anpassungsfähig. Ihr Bewegungsdrang liegt im mittleren Bereich. Die Weibchen werden bis zu 4,5kg schwer, die Männchen bis zu 7kg. Beim Kauf dieser Rasse müssen Sie mit Kosten zwischen 600 und 700€ rechnen.

Bengal sehen aus wie kleine Tiger, was sich in ihrem hohen Bewegungsdrang widerspiegelt. Sie gehören zu den mittleren-großen Katzenrassen, die Weibchen werden bis zu 4kg schwer, die Männchen sogar bis zu 7kg. Die Bengalen haben kurzes Fell und der Pflegeaufwand ist gering. Allerdings ist die Anschaffung mit Kosten bis zu 1400€ verbunden. Dafür bekommen Sie eine äußerst aktive, temperamentvolle und gesellige Katze, die sie mental im großen Maße fördern/trainieren können und die gerne mit anderen Lebewesen zusammen ist. Ursprünglich stammt diese Katzenrasse aus den USA.

Siamkatzen stammen ursprünglich aus Thailand und gehören eher zu den mittelgroßen Katzen. Sie erreichen auch nur ein moderates Gewicht von maximal 5kg. Mit ihrem kurzen Fell sind sie, was die Pflege angeht, recht unkompliziert. Wer sich eine Siamkatze kauft – was übrigens mit Kosten von 500-800€ verbunden ist – der bekommt eine äußerst menschenbezogene, intelligente und gesprächige Katze. Siamkatzen mögen es in der Nähe ihrer Menschen zu sein und mit diesen zu plaudern. Es sollte also ausreichend Zeit für die Beschäftigung mit diesen Katzen vorhanden sein! Siamkatzen spielen auch gerne, um ihren recht hohen Bewegungsdrang auszuleben.

Ragdoll gehören zu den größten Rassekatzen und stammen ursprünglich aus den USA. Die Weibchen können ein Gewicht von 6,5kg erreichen, die Männchen werden sogar bis zu 10kg schwer. Ihr Haar ist halblang und der Pflegeaufwand liegt im mittleren Bereich. Die Ragdoll gelten charakterlich als sanft, ruhig, neugierig und durchaus auch menschenbezogen. Sie haben in der Regel kein Problem mit Kindern, sondern freuen sich ihren moderaten Bewegungsdrang im Spiel auszuleben. Die Kosten für diese Katzen liegen bei 600-1000€.

Birma stammen aus Frankreich und sind mittelgroße Katzen. Das heißt, dass die Weibchen maximal 4kg schwer werden und die Männchen maximal 6kg. Der Pflegeaufwand bei dieser Rasse ist eher mittelmäßig, da sie halblanges Haar haben, was viele verschiedene Farbnuancen haben kann. Die Augenfarbe einer reinen Birma ist blau. Nachdem 500-800€ für die Anschaffung ausgegeben wurden, erhält man in der Regel eine sehr ruhige, aber äußerst gesellige Katze, die die Nähe ihrer menschlichen Mitbewohner liebt und gar nicht gerne alleine ist.

Perser sind mit ihren langen Haaren in der Pflege recht aufwendig. Das Fell kann verschiedenste Farben haben, die Augenfarbe ist meist orange, blau oder grün. Diese recht großen Katzen kosten in der Anschaffung bis zu 800€. Sie haben einen eher geringen Bewegungsdrang und sind äußerst liebevolle, kuschelbedürftige und ruhige Lebewesen.

Europäische Hauskatzen können in jeglicher Größe und Farbe auftauchen. Sie sind relativ klein, wiegen maximal 4,5kg und bedanken sich bei ihren Menschen mit geringem Pflegeaufwand. Diese Katzen sind äußerst freiheitsliebend und bevorzugen ausgedehnte Streifzüge in der Natur. Gleichzeitig können sie eine enge Bindung zu ihren menschlichen Bezugspersonen aufbauen und schätzen deren intensive soziale Bemühungen. Preislich liegen diese Katzen bei 100€-200€.

Kartäuser haben bläuliches Fell und gehören zu den mittelgroßen Katzen. Die Weibchen werden bis zu 4kg schwer, die Männchen bis zu 7kg. Sie haben einen mittleren Bewegungsdrang und schätzen kleinere Runden in der freien Natur ebenso wie die enge Bindung zu ihren Menschen. Kartäuser sind generell ausgeglichen, lieb und freundlich und eignen sich somit perfekt für das Zusammenleben mit Kindern oder in großen Familien. Die Anschaffung kostet durchschnittlich 500-800€.

Russisch Blau sind blaugraue Katzen aus Russland von kleinerer Statur. Ihr Fell ist plüschig und seidig, weswegen hier ein mittlerer Pflegeaufwand besteht. Diese Katzen sind besonders ruhig und bestehen meist nicht auf Freigang, sofern sie sich Zuhause mit ausreichend Spielzeug und Spielpartnern versorgt wissen. Diese Katzen eignen sich bestens für Familien mit Kindern, da sie lieb, aufgeschlossen und anhänglich sind. Preislich liegen diese Katzen bei 500-700€ Anschaffungskosten.

Sphynx Katzen sind haarlos und stammen ursprünglich aus Kanada. Aufgrund des fehlenden Fells meiden diese Katzen Freigänge zu heißen und kalten Jahreszeiten, da sie nicht ausreichend vor Sonnenbrand und Kälte geschützt sind. Sie halten sich also vorwiegend drinnen auf und sind sehr menschenbezogen, anhänglich und intelligent. Ihre hohe Intelligenz lässt sich wunderbar für das Katzentraining nutzen. Diese Katzen kosten 900-1200€.

Übrigens muss es nicht immer eine Rassekatze sein! Auch Mischlinge können die charakteristischen Züge einer bestimmten Rasse tragen und Ihnen somit auch das bieten, was Sie suchen. Dazu sind Mischlinge meist robuster und weniger anfällig für Krankheiten.

Von welchem Planeten stammt Ihre Katze?

Es gibt einige Katzenhalter, die durch einen glücklichen Zufall zu ihrer Katze gekommen sind. Falls bei Ihnen nicht spontan eine Katze vor der Tür stand, werden Sie sich sicherlich fragen, welches der beste Ort für den Kauf einer Katze ist.

Zunächst stehen Ihnen zwei Möglichkeiten offen: Eine Katze vom Züchter zu holen oder eine Katze aus dem Tierheim/Katzenschutz zu holen. Die Tendenz geht mittlerweile klar zum Tierheim oder zum Katzenschutz. Denn wieso nicht einer Katze ein neues Zuhause bieten, die es unbedingt benötigt? Zudem wird an reinen Rassekatzen häufig kritisiert, dass sie unter bestimmten Krankheiten leiden, die durch die strenge Züchtung entstanden sind. Das gilt es natürlich zu vermeiden. Es gibt immer wieder Züchter – meist außerhalb Deutschlands ansässig – die sehr junge Katzen in einem Alter von unter 12 Wochen vermitteln möchten. Die Kleinen sind dann natürlich zuckersüß, aber leider noch lange nicht bereit, um die Welt ohne ihre Katzenmutter zu erkunden. Kitten werden von ihrer Mutter gestillt und sollten diese lebenswichtige Phase mindestens drei Monate durchleben dürfen. Auch drei Monate ist ein recht junges Alter, um sich von der Katzenmutter zu trennen. Achten Sie auf die Seriosität der Züchter und lassen Sie die Kitten so lange wie möglich bei ihrer Mutter, auch wenn Sie die Kleinen am liebsten sofort mitnehmen möchten.

Falls Sie sich um den gesundheitlichen Zustand Ihrer Katze sorgen, können Sie beruhigt sein, denn in deutschen Tierheimen gelten strenge Regeln und Sie werden hier nicht mit kranken Katzen überrascht. Und auch im Tierheim gibt es immer wieder reinrassige Katzen und Kitten – falls Sie darauf großen Wert legen. Verschiedene Tierschutzorganisationen agieren national und länderübergreifend. Falls Sie gerne einen nicht unwichtigen Beitrag in diese Richtung leisten möchten, dann setzen Sie sich mit verschiedenen Tierschutzorganisationen in Verbindung. Diese suchen immer dringend nach schönen „forever homes" für ihre vielen Schützlinge, die aus tragischen Situationen gerettet worden sind. Im Endeffekt kommt es weniger auf die Rasse, den Herkunftsort und das Alter an, als auf den tatsächlichen Charakter der Katze. Auch im Tierheim haben Sie die Möglichkeit die Katzen vorher kennenzulernen. Zudem ist es ein schönes Gefühl zu wissen, dass Sie einer Katze aus dem Tierschutz oder Tierheim ein schönes Leben ermöglichen.

Und zu guter Letzt...

...sollten Sie sich fragen, ob eine junge oder ältere Katze besser zu Ihnen passt. Es ist zwar wunderschön eine junge Katze aufwachsen zu sehen, aber es ist eben auch wunderschön einem grade ausgewachsenen oder etwas älterem Exemplar ein schönes Zuhause zu bieten. Oftmals wird gesagt, dass sich eine junge Katze besser in die bestehenden Strukturen einleben kann und dementsprechend weniger Erziehungsarbeit anfällt. Dem ist definitiv nicht so! Denn in welchem Maße sich eine Katze in die bestehenden Strukturen einlebt, hängt nicht zuletzt auch von ihrem Temperament und der Beziehung zu den Bezugspersonen ab. Im Zweifelsfall fällt grade bei der Aufnahme einer jungen Katze mehr Erziehungsarbeit und Beschäftigungsarbeit an, als bei einer ausgewachsenen Katze!

Kapitel 2: Einzel- oder Paarhaltung?

In der Regel ist die Paarhaltung zu bevorzugen! Warum? Weil besonders junge Kätzchen Artgenossen benötigen, um soziales Verhalten zu erlernen. Die Beziehung zu anderen Katzen ist für junge Katzen also ein absolutes Muss, so wie es auch bei Kindern der Fall ist. Es ist nicht immer leicht den richtigen Partner für eine Katze zu finden und so bietet es sich an, aus einem Wurf gleich zwei Kätzchen aufzunehmen. Idealerweise zwei Kätzchen, die bereits eine enge Bindung haben und sich nicht mehr aneinander gewöhnen müssen. Für Katzen ist es essenziell wichtig innerhalb eines Rudels zu leben, damit sie ihre Urinstinkte ausleben, voneinander lernen und artgerecht sozialisiert werden können. Es geht ihnen dabei ganz ähnlich wie uns: Wachsen wir als Kind isoliert unter fremden Lebewesen auf, fehlt uns die Möglichkeit zur Sozialisierung und Kommunikation. Auch Katzen möchten mit Artgenossen kommunizieren, spielen, raufen und Rudel bilden.

Und egal wie sehr Sie sich als Katzenhalter bemühen, Sie werden einer Katze niemals das Rudel oder den Partner ersetzen können. Besonders, wenn die Katze keinerlei Möglichkeit hat draußen mit anderen Katzen in Kontakt zu kommen, ist es für die Katze enorm wichtig mindestens einen weiteren Katzenkumpel begrüßen zu dürfen. Anders sieht es bei der Aufnahme einer älteren Katze aus, denn diese können durchaus wahre Einzelgänger sein und sich im Verbund mit neuen, fremden Katzen eher unwohl fühlen. Die Vergesellschaftung von Katzen kann mitunter schwierig sein und in einem Mehrkatzenhaushalt können durchaus Konflikte zwischen den Katzen auftreten – was ist also die für Sie ideale Lösung?

Einzelkatzen

Dass Katzen Einzelgänger sind, kommt in der Natur eher selten vor. Dennoch gibt es eine Vielzahl von älteren Katzen, die aufgrund vorheriger Haltungsbedingungen, anderen Katzen gegenüber nicht mehr aufgeschlossen sind. Somit wäre ein Mehrkatzenhaushalt für diese Katzen mehr Stress als Mehrwert.

Sollten Sie sich eine Einzelkatze wünschen, wäre eine ältere Katze, die bereits ein „Einzelgängerdasein" fristet, ideal. Kitten zu Einzelgängern zu machen und ihnen die Gesellschaft anderer Katzen vorzuenthalten, kann verschiedene Probleme im Alltag hervorrufen. Zum einen hat die allein gehaltene Katze keinerlei Möglichkeit sich ausreichend zu sozialisieren und sie wird sich auf Dauer langweilen und einsam fühlen. Dies ist nicht nur für die Katze unschön, sondern für Sie als Katzenhalter auf Dauer auch nicht, denn die Katze wird ihrem Unmut Luft machen. Während die eine Katze aus Langeweile

„nur“ am edlen Designersessel kratzt, übt sich die andere Katze aufgrund ihrer Einsamkeit im „Protestpinkeln“. Jedes auffällige Verhalten einer Katze lässt auf ein tieferliegendes Problem schließen.

Katzenpaare oder -rudel

Der für Katze und Mensch angenehmere Weg ist es mindestens zwei Katzen aufzunehmen. Hierbei ist es natürlich ideal zwei bereits aneinander gewöhnte Kitten aus einem Wurf aufzunehmen. Aber auch ältere Katzen lassen sich manchmal in Paaren oder zu dritt aus dem Tierheim aufnehmen, wenn sich eine enge Bindung zwischen den Katzen entwickelt hat. Bereits miteinander vergesellschaftete Katzen aufzunehmen, hat den Vorteil, dass Sie sich als Halter jede Menge Aufregung ersparen. Die Frage „Werden sich diese Katzen jemals mögen?“ können Sie dann nämlich getrost beiseiteschieben. Sollen zwei sich unbekannte Katzen miteinander vergesellschaftet werden, sollte man unbedingt auf das Temperament der Katzen achten:

- Wie alt sind die beiden Katzen?
- Eine junge, verspielte Katze kann einer älteren, ruhebedürftigen Katze schnell auf die Nerven gehen. Hier sind Auseinandersetzungen vorprogrammiert.
- Wie aktiv sind die beiden Katzen?
- Eine aktive Katze hat höchstwahrscheinlich ein gesteigertes Bedürfnis mit der anderen Katze zu spielen – harmonisieren die beiden Katzen in diesem Punkt?

- Sind die Katzen kastriert oder kann es zu Schwierigkeiten aufgrund von Paarungswünschen kommen?

Dies sind zwar einige Anregungen, um die Vergesellschaftung zweier oder mehrerer Katzen ausreichend vorzubereiten. Nun ist es jedoch so, dass Katzen Individuen sind und dass eine Vergesellschaftung trotz aller Vorkehrungen manchmal nicht wie gewünscht abläuft. Oder es kann ganz anders kommen und zwei zuvor als „nicht passend" ernannte Katzen werden zu besten Freunden. Sie kennen Ihre Katze/n besonders gut. Falls Sie also eine Katze aus dem Tierheim aufnehmen wollen, dann sprechen Sie zuvor mit dem Personal im Tierheim. Dieses kann Ihnen nicht nur Tipps zur Vergesellschaftung geben, sondern auch eine möglicherweise gut passende Katze empfehlen!

Manche Katzenhalter verabreichen Ihren Katzen bei einer bevorstehenden Vergesellschaftung unterstützend Bachblütentropfen oder separieren die Katzen zu Beginn. Dies sind bestimmt alles hilfreiche Faktoren, die im Endeffekt aber nicht über das Gelingen der Vergesellschaftung bestimmen. Das entscheiden nämlich allein die Katzen.

Zwei Katzen aneinander zu gewöhnen, kann nervenaufreibend sein, muss es aber nicht. Wichtig ist, dass Sie als Halter einen kühlen Kopf bewahren, damit Sie Ihren Katzen beim Kennenlernen adäquate Hilfestellung leisten können. In der Regel ist die neu eingezogene Katze nicht das

Problem. Sie ist vielleicht ein wenig gestresst, aufgeregt und neugierig. Die Schwierigkeit bei der Eingewöhnung einer neuen Katze liegt vielmehr beim territorialen Verhalten der alten Katze. Beim Aufeinandertreffen von zwei oder mehreren Katzen geht es immer darum, eine Rangfolge festzulegen und das kann mitunter auch durch aggressives Verhalten gelöst werden. Dennoch können Sie Ihrer Katze mit folgenden Tricks ein wenig unter die Katzenarme greifen:

- Verteilen Sie etwa eine Woche vor dem Einzug der neuen Katze Decken, Spielsachen oder Ähnliches, an denen der Geruch der neuen Katze haftet. Diese verteilen Sie dann im Revier der alten Katze, also Ihrem Zuhause. Somit kann sich die alte Katze schon einmal geruchstechnisch auf den Neuankömmling einstellen.
- Ganz knapp bevor die neue Katze ihr neues Reich betritt, verteilen Sie die das Hab und Gut der neuen Katze, also Futternäpfe, Toilette, Kratzbaum und Ähnliches, in der Wohnung. Dies sollte tatsächlich unmittelbar vor dem Zusammentreffen geschehen, damit die alte Katze diese Gegenstände nicht schon für sich beansprucht. Die Gegenstände können neu oder eben schon von der neuen Katze gebraucht sein.
- Geben Sie den Katzen ungestörten Raum zum Kennenlernen. Planen Sie also ein, die nächsten Tage keine großen Feste in Ihren vier Wänden zu feiern und halten Sie die Türen innerhalb der Wohnung möglichst offen. So haben die Katzen die Möglichkeit sich zurückzuziehen. Das ist besonders wichtig, um

ungestört zu fressen, zu schlafen und der Fellpflege nachkommen zu können. Sich von der Umstellung zu erholen, ist Teil des Prozesses.

- Versuchen Sie, dass möglichst alle Familienmitglieder beim Einzug der neuen Katze anwesend sind. So kann die Katze direkt alle Familienmitglieder kennenlernen und wird nicht von neuen Stimmen und Gerüchen in den nächsten Tagen überrascht.
- Beim eigentlichen Einzug gehen Sie dann ganz entspannt vor. Stellen Sie die Katze mit ihrer Transportbox beispielsweise ins Wohnzimmer, öffnen Sie die Türe der Box und warten Sie ab. Sie dürfen sich natürlich mit den Katzen beschäftigen, aber Sie dürfen auch Ihrem Alltag nachgehen! Die Box sollten Sie noch einige Zeit als Rückzugsort für die neue Katze stehenlassen, schließlich war das ihr Spaceshuttle mit dem Sie zu Ihnen gestoßen ist und könnte ihr unter Umständen Sicherheit vermitteln.
- Kümmern Sie sich gleichermaßen um beide Tiere. Füttern Sie die Tiere möglichst zur gleichen Zeit, stellen Sie Ihnen die gleichen Spielzeuge zur Verfügung und gestalten Sie keinen Extraraum für die eine oder andere Katze.

Sie werden merken, dass die beiden Katzen nicht sofort aufeinander zugehen, sondern sich in der Regel erstmal aus der Entfernung ansehen, anknurren oder anfauchen. Das gehört alles zum Konzept des Kennenlernens dazu. Auch kleinere Kämpfe sind völlig ok und sollten von Ihnen nicht unterbrochen werden. Sofern keine ernsthaften Verletzungen entstehen, gibt es keinen Grund zur Sorge. Je nach Charakter der Katzen könnten auch Sie als Mitbewohner zur Zielscheibe werden. Machen Sie sich bereit dafür angeknurrt, angefaucht und einige Tage nicht beachtet zu werden. Das gibt sich mit der Zeit und Ihre Katzen zeigen Ihnen damit eigentlich nur, dass die Situation grade nicht so prickelnd ist. Und jetzt bleibt nur noch eins zu tun: Geduldig, sehr, sehr, sehr geduldig abwarten. Vielleicht entwickelt sich eine feste Katzenfreundschaft, vielleicht eine Katzenliebe oder eine mehr oder weniger freundliche Ko-Existenz. Es ist übrigens ganz egal, ob Sie zwei Katzen zusammenführen oder eine Katze in eine bereits bestehende Katzengemeinschaft eingliedern möchten – das Vorgehen bleibt gleich. Falls nach sechs Monaten keinerlei nennenswerte Fortschritte in Richtung Frieden geschehen sind, kontaktieren Sie doch mal den Tierarzt Ihres Vertrauens oder einen Katzenexperten!

Manche Katzenexperten empfehlen, dem Neuankömmling ein separates Zimmer einzurichten, damit die Katze sich in aller Ruhe eingewöhnen kann. Wenn Sie auf diese Weise vorgehen möchten, dann richten Sie der neuen Katze ein eigenes Zimmer mit allem gewünschten Equipment ein. Beachten Sie dann in den folgenden Wochen diese Hinweise:

- Die Katzen lernen sich durch den Geruch auch durch die geschlossene Zimmertüre kennen. Katzen können wesentlich besser riechen als Menschen und diese Fähigkeit werden die neugierigen Katzen nutzen. Tauschen Sie regelmäßig die Kuscheldecken der beiden Katzen miteinander, um den jeweiligen Geruch den Katzen zu präsentieren.

- Das Spielen, Füttern und Streicheln der Katzen sollte immer in der Nähe der Zimmertür stattfinden, durch die die beiden Katzen getrennt sind. So können die Katzen die Geräusche und Gerüche der anderen Katze mit einer positiven Tätigkeit verknüpfen.
- Tauschen Sie regelmäßig die Reviere für einige Stunden. So können die Katzen die Gerüche und das neue Revier gut kennenlernen und das ganz ohne Druck.
- Nachdem sich die neue Katze gut eingelebt hat, das kann nach drei Tagen oder drei Monaten sein, können Sie ein Kindergitter oder ein Moskitonetz an der Tür anbringen und es wagen die Katzen in nächster Nähe und mit echtem Blickkontakt zueinander zu füttern. Falls schon mehrere Katzen zum alten Bestand gehören, ist bei jeder Fütterung eine andere Katze mit Kennenlernen dran. Nach der Fütterung wird die Tür wieder verschlossen! Bei diesem kurzen Kennenlernen kann es zu spontanen Freundschaften und natürlich auch zum Knurren und Fauchen kommen – das darf passieren!
- Sobald Sie das Gefühl haben, dass die Katzen die neue Routine gut beherrschen, können Sie dazu übergehen die Tür mehrmals täglich für einige Minuten geöffnet zu lassen. Beobachten Sie die Katzen und sobald der Kontakt freundlich wird und bleibt, kann auch die Tür dauerhaft geöffnet bleiben.

Keine der beiden genannten Methoden ist per se besser oder schlechter. Aber es kann durchaus sein, dass Ihnen eine der Methoden besser gefällt und Sie somit mit mehr Sicherheit an die Vergesellschaftung der Katzen herangehen, was äußerst wichtig ist.

Die Vorteile des Mehrkatzenhaushaltes für die Katze liegen auf der Hand, aber welche Vorteile hat der Mehrkatzenhaushalt für uns Menschen?

Unsere Katze hat ein stark verringertes Risiko aus Langeweile oder Einsamkeit auffälliges Verhalten zu zeigen oder sogar aufgrund der nicht artgerechten Haltungsbedingungen krank zu werden. Außerdem rücken wir als Spielkamerad und Bezugsperson in den Hintergrund. Es ist also kein einschneidendes Drama für die Katze, wenn wir für einige Tage nicht da sind und ein anderer „Dosenöffner“ für die Katzen sorgt. Natürlich werden die Katzen trotz der Paarhaltung eine intensive Bindung zu Ihnen aufbauen können, wenn Sie sich ausreichend und liebevoll mit der Katze beschäftigen. Nun bleibt noch die Frage, ob der Mehrkatzenhaushalt für uns als Menschen mehr Arbeit macht, als eine Einzelkatze – Nein. Gefüttert wird eh, die Katzentoilette muss sowieso gereinigt werden und mit zwei Katzen auf dem Sofa ist es auch nicht viel enger.

Kapitel 3: Die ideale Umgebung für eine Katze

Um sich die ideale Umgebung für eine Katze vorstellen zu können, sollten wir von unseren eigenen Erwartungen an unsere Umgebung abrücken und für eine Weile die Welt durch die Augen einer Katze betrachten. Auf diese Weise erfahren wir, was für eine Katze im Alltag wirklich wichtig ist:

„Das Morgengrauen setzt ein und somit auch mein morgendlicher Appetit. Wie praktisch, dass meine Menschen mir immer so köstliches Futter bereitstellen. Mal sehen, wo die Menschen gerade stecken. Hm, sie schlafen noch, dann

lege ich mich noch eine Runde dazu, es ist so schön warm in der Menschenhöhle... Oh, der erste Mensch steht auf, ich renne ihm besser nach und mache auf mich aufmerksam, damit er nicht vergisst mir etwas Leckeres zu Essen hinzustellen. Ah, perfekt, der Mensch geht direkt in die Küche und.. uuuund.. ja, ich bekomme mein Frühstück! Wunderbar, das war lecker. Jetzt möchte ich erstmal eine Runde auf die Katzentoilette (oh, sauber, sehr schön!), meine Ruhe haben, mich ausgiebig putzen und mir danach an einem warmen Örtchen ein Vormittagsschläfchen gönnen. Die Menschen veranstalten irgendeinen Lärm in der Küche und im Badezimmer. Na, die werden wohl, wie fast immer, gleich erstmal draußen in ihrem Revier umherstreifen. Hoffentlich bleiben sie nicht zu lange weg und machen mir die kleine durchsichtige Türe im Badezimmer auf, dann kann ich auch eine Runde durch mein Revier streifen und vielleicht sogar eine Maus fangen... Ich freue mich schon darauf mir meine Streicheleinheiten abzuholen, wenn die Menschen wieder nach Hause kommen. Dann haben sie auch meistens eine kleine Köstlichkeit für mich dabei, spielen mit mir und machen es sich nachher auf meinem Sofa gemütlich!“

So oder so ähnlich könnte der grobe Tagesablauf einer durchschnittlichen deutschen Hauskatze aussehen. Katzen mögen vor allem Beständigkeit und Ruhe. Ein regelmäßiger Tagesablauf hilft der Katze nicht nur, sich optimal in die bestehenden Abläufe zu integrieren und sich einzugewöhnen, es hilft ihr auch sich täglich sicher zu fühlen. Katzen sind sehr sensible Tiere, die jede Veränderung meilenweit erspüren und in den allermeisten Fällen nicht froh über Veränderungen sind.

Freigänger oder Hauskatze?

Ja, es mag durchaus Katzen geben, die aufgrund einer Krankheit, einer Behinderung oder Ähnlichem nicht mehr in der Lage sind ohne Begleitung hinauszugehen – so geschieht es auch bei uns Menschen. Aber haben Sie je einen gesunden, glücklichen und sozial integrierten Menschen getroffen, der freiwillig sein Leben lang in einer kleinen Stadtwohnung lebt, ohne das Sonnenlicht, den Wind auf der Haut, das Rascheln der Blätter und den Geruch von Regen zu vermissen? Nein, sicherlich nicht. Und so wird es auch jeder Katze gehen, die keinen Zugang zu Abenteuern in der Natur hat.

Oftmals wird behauptet, dass Katzen, die in einer Wohnung oder in einem Haus ohne Freigang aufwachsen die Natur und den Freigang nicht vermissen würden. Geben Sie diesen Katzen für nur fünf Sekunden die Möglichkeit durch ein geöffnetes Fenster die spannende Welt „da draußen" kennenzulernen und Sie werden diese Katze nie wieder ohne Freilauf glücklich sehen. Warum ist das so? Ganz egal, wie wir die ersten Lebensjahre verbringen, ändern wir dadurch unsere Urinstinkte und unsere Triebe nicht. Es steckt tief in unserer DNA. Wir wollen raus, wir benötigen Sonnenlicht, wir wollen rennen, laufen, toben und die Vögel am Himmel sehen. Vielleicht haben Sie einen Job im Büro und wissen daher nur allzu gut selbst, dass der ständige Aufenthalt in Gebäuden nicht der Schlüssel zum Glück und zur langfristigen Gesundheit sind.

Nun die Frage: Wieso sollte eine reine Wohnungskatze ihr Glück darin finden, die Natur nur durch ein Fenster erleben zu können? Es mag für einige Katzenhalter bequemer sein die Katze drinnen zu halten, weil Sie ihr eben keinen Freilauf bieten können. Entsprechend gibt es im Zoofachhandel Katzengitter und Katzenschutz, damit auch die ausbruchslustigste Katze den eigenen vier Wänden nicht entkommen kann. Sicherlich können sich viele Katzen daran gewöhnen das Haus oder die Wohnung niemals zu verlassen, doch artgerecht ist diese Art der Haltung nicht. Falls Sie also in einer Wohnung oder in einem Haus leben, dass von viel befahrenen Straßen und keinerlei Natur umgeben ist, sollten Sie überlegen, ob eine Hauskatze wirklich glücklich bei Ihnen wird.

Katzen sind wilde Tiere und mittlerweile muss dieser wilde Instinkt mit unseren „Großstadtängsten“ konkurrieren: Was ist, wenn die Katze überfahren wird, nicht mehr nach Hause kommt oder verloren geht? Ein ebenfalls häufiges Argument ist, dass eine teure Rassenkatze bei ihrem Freigang sicherlich geklaut wird. Egal, wie wir es drehen und wenden – Katzen bleiben wilde kleine (domestizierte) Tiere, die ihren Instinkten folgen möchten und keine Designerobjekte darstellen. Ihre Katze wird es Ihnen danken, wenn sie wenigstens eine kleine Wiese, einige Gärten oder einen nahegelegenen Park aufsuchen darf.

Aber was ist mit all den Katzen, die aus gesundheitlichen Gründen nicht (mehr) alleine hinausgehen dürfen? Es gibt drei

Möglichkeiten: Entweder die Katze bleibt eine reine Wohnungskatze und muss drinnen bespaßt werden, die Katze lernt an der Leine zu gehen und kann so zusammen mit ihren Menschen die Umgebung erkunden oder Sie bauen der Katze einen „katzensicheren" Garten mit hohen Zäunen.
Das Gewöhnen an die Leine kann mithilfe von Clickertraining (dazu später mehr) bewerkstelligt werden. Früher oder später wird jede Wohnungskatze die Langeweile plagen, weswegen Sie als Halter gefragt sind möglichst abwechslungsreiche und fordernde Beschäftigungsmöglichkeiten anzubieten. Inspirationen dazu finden Sie in Kapitel 7!

Einsamkeit oder Gemeinsamkeit

Eine ausgewachsene Katze kann gut bis zu zehn Stunden (oder auch länger) alleine bleiben. Das heißt nicht, dass sie sich in dieser Zeit nicht etwa langweilt oder ein wenig Unterhaltung wünscht! Aber innerhalb dieser zehn Stunden wird sich die Katze nicht übermäßig einsam und vernachlässigt fühlen. Die Voraussetzung dafür eine Katze zehn Stunden lang alleine lassen zu können, ist natürlich das entsprechende Training.

Eine neu eingezogene Katze jedoch von heute auf morgen zehn Stunden oder länger alleine zu lassen, kann eine enorme Belastung für das Tier sein. Sollten Sie eine Katze bei sich aufnehmen, haben Sie sich sicherlich ein paar Tage freigenommen, um den Neuankömmling eingewöhnen zu können. Das ist großartig, aber die Katze wird davon ausgehen, dass dies der Normalzustand ist: Meine Menschen sind fast immer zu Hause und wenn sie hinausgehen, dann kommen sie kurz danach mit vollgepackten Tüten wieder nach Hause. Ihr normaler Alltag sollte so katzenfreundlich sein, dass Sie sich beim Einzug einer Katze nicht „verstellen" müssen.

Auch junge Katzen können durchaus einige Stunden alleine bleiben und können ab dem ersten Tag des Einzugs mit der stundenweisen Abwesenheit der Halter konfrontiert werden. Damit Ihre Katze diese Zeit als „Ruhezeit" für sich nutzen kann, sollte sie natürlich gefüttert sein oder Futter bereitstehen haben, Zugang zu Wasser haben und die ein oder andere Beschäftigungsmöglichkeit haben.

Es ist nicht empfehlenswert eine Katze direkt zehn Stunden lang alleine zu lassen, aber mit vier Stunden „Einsamkeit" sollte jede Katze klarkommen. Sofern Ihre Katze nicht die einzige Katze im Haushalt ist, sind Sie als Halter auch weniger als Partner für soziale Interaktionen gefragt, als bei einer Einzelkatze. Katzenpaare oder Rudel können problemlos bis zu zehn (oder sogar mehr!) Stunden alleine gelassen werden. Sie werden Ihre Katze(n) mit der Zeit gut kennenlernen und können somit auch einschätzen, wie lange Ihre Katze problemlos alleine bleiben kann. Katzen, die Zugang zum Freien haben, sind noch einmal weniger auf den Menschen als Partner angewiesen und können auch mehr als acht Stunden alleine bleiben.

Nun haben Sie mehr als einmal „zehn Stunden“ gelesen und dies könnte den Eindruck erweckt haben, als sei die Haltung einer Katze fast ohne Ihre Anwesenheit machbar. Dem ist nicht so! Sie sollten sich gut überlegen, ob Sie ausreichend Zeit für eine Katze haben, wenn Sie bereits jetzt planen täglich mehr als zehn Stunden oder länger am Stück außer Haus zu bleiben – bieten Sie Ihrer Katze Freigang und einen oder mehrere tierische Begleiter, sollte Ihre Abwesenheit kein Problem sein. Haben Sie allerdings vor sich eine Einzelkatze ohne Möglichkeit zum Freigang anzuschaffen, sind Sie als Halter die einzige Bezugsperson eines Tieres, dass sich tagtäglich in einem langweiligen „Gefängnis“ aufhält. Auf Dauer wird Ihre Katze mit dieser Situation nicht glücklich sein! Normalerweise freuen sich Katzenhalter jedoch so sehr auf ihre Vierbeiner, dass die Zeit außer Haus gerne kurzgehalten wird.

Palast oder Großstadtwohnung?

Ihre Katze wird sich natürlich weigern über die Schwelle Ihrer Haustüre zu schreiten, wenn Sie nicht mindestens eine Großstadtvilla bewohnen, in der zwei extra für die Katze eingerichtete Katzenzimmer sind. Die Realität sieht glücklicherweise anders aus. Auch in einer 45 Quadratmeter großen Wohnung kann sich eine Katze durchaus wohlfühlen, sofern denn für ausreichend Beschäftigung gesorgt oder Freigang möglich ist. De facto sagt die tatsächliche Wohnungsgröße nichts über die Wohnqualität für die Katze aus! Wichtig ist, dass die Katze innerhalb der Wohnung oder des Hauses mindestens eine (besser mehrere) Versteckmöglichkeit und Platz zum Toben hat. Entscheidend ist also, wie raffiniert der Wohnraum für die Katze aufgeteilt ist.

Wichtig dabei sind ein fester Platz für die Nahrungsaufnahme, eine abseits gelegene Katzentoilette, mindestens ein Fenster und ein Ruheort – ganz so, wie wir es uns von unserem Zuhause auch wünschen würden. Je mehr Katzen in einem Haushalt leben, desto wichtiger ist es ausreichend Ruhezonen und Versteckmöglichkeiten anzubieten. Auch in einer kleinen Wohnung lässt sich dies bewerkstelligen und wenn Sie als Halter zusätzlich für ausreichend Anreize für die mentale und körperliche Beschäftigung der Katze sorgen, ist ihre Katze rundum zufrieden.

Besonders für ältere Katzen ist es wichtig, dass es in der Wohnung mindestens einen gut geheizten Ort im Winter gibt. Mit steigendem Alter benötigen Katzen mehr Wärme von außen, um ihre Körpertemperatur – die mit 38-39 °C höher ist, als die von uns Menschen – aufrechtzuerhalten. Des Weiteren ist es wichtig, dass die Katze innerhalb der Wohnung oder des Hauses keinerlei Gefahren ausgesetzt ist:

- Alle Schränke, Regale und Ähnliches sollten „kletterfest" sein und nicht etwa umkippen und die Katze unter sich begraben.
- Fenster sollten niemals unbeaufsichtigt gekippt sein, da die Katze darin eingeklemmt werden könnte.
- Kabel sollten besonders bei jungen, neugierigen Katzen unter Kabelschutz versteckt werden, damit die Katze beim Knabbern an den Kabeln (die für Katzen einen interessanten Geruch verströmen) keinen Stromschlag bekommt.
- Fenster und Türen sollten möglichst so gesichert werden, dass sie bei Durchzug nicht zufallen können.
- Putzutensilien, Chemikalien und Ähnliches sollten verschlossen aufbewahrt werden. Junge Katzen machen bei ihrem Entdeckerdrang vor nichts Halt!
- Es sollten möglichst keine für die Katze giftigen Pflanzen vorhanden sein. Efeu, Buchsbaum, Aloe Vera, Chrysanthemen, Geranien, Jasmin, Lilien sind einige davon und die Liste der für Katzen giftigen Pflanzen ist lang. Im Normalfall weiß Ihre Katze ganz gut, was für sie bekömmlich ist und was nicht.

Dennoch gehen manche Katzenhalter auch hier lieber kein Risiko ein. Im Einzelfall sollten Sie sich also vor dem Pflanzenkauf erkundigen, ob diese für Ihre Katze giftig sein könnte. Im Folgenden finden Sie jedoch noch eine ausführliche Liste mit für Katzen giftigen Pflanzenarten.

- Wollknäueln, Seile, Fäden und Co sind zwar ein beliebtes Katzenspielzeug, dennoch sollte die Katze nicht mit diesen alleine gelassen werden, da immer das Risiko besteht, dass die Katze sich selbst mit diesem Spielzeug stranguliert.
- Waschmaschinen und Trockner sind mitunter ein beliebter Ruheplatz unter Katzen. Also vor der Inbetriebnahme dieser Geräte einen Blick ins Innere werfen!
- Plastiktüten, Netze und ähnliche Gegenstände sind zwar für Katzen interessant, eignen sich aber nicht als Spielzeug ohne Beaufsichtigung.
- Auch Heizungen können gefährlich werden und sollten deshalb nicht zu heiß aufgedreht werden und eventuell zusätzlich gesichert werden.
- Katzen klettern gerne, und das auch auf Treppengeländern. Deshalb sollten Sie diese gegebenenfalls ausreichend mit z.B. Netzen absichern, damit die Katze nicht tief fallen kann.
- Auch wenn eine dekorierte Wohnung deutlich schöner ist, sollten Sie vor allem bei Dekorationen aus Glas aufpassen, dass diese nicht zerbrechen und Ihre Katze in die Scherben tritt.

- Auch Toilettendeckel sollten stets geschlossen werden, da vor allem bei kleinen Katzen die Gefahr besteht hineinzufallen.

Diese Liste lässt sich natürlich noch endlos weiterführen, aber Sie wissen vermutlich jetzt, welche möglichen Gefahren Sie in Ihrem Haushalt beseitigen sollten. Katzen sind durchaus kleine, kluge Wesen, die sehr gut auf sich selbst aufpassen können und somit sollten die üblichen im Haushalt „lauernden“ Gefahren kein Problem darstellen. Inwieweit Sie diese Gefahren beseitigen oder auf das intuitive Wissen Ihrer Katze vertrauen möchten, entscheiden Sie natürlich!

Ein äußerst praktisches Gadget für die Katzensicherheit ist der Kippschutz, den ich Ihnen besonders ans Herz legen möchte. Der Kippschutz besteht aus feinen Gittern, die am Fensterrahmen befestigt werden, damit die Katze beim Ausprobieren nicht in die Spalte des gekippten Fensters rutscht. Durch das Gitter kommt natürlich frische Luft in die Wohnung, aber eben die Katze nicht in eine gefährliche Situation. Beim Klettern am gekippten Fenster kann die Katze schnell in den Spalt des geöffneten Fensters rutschen und mit großer Wahrscheinlichkeit kann sie sich aus dieser Falle nicht selbst befreien. Nicht nur, dass die Katze dabei Knochenbrüche und innere Verletzungen erleiden kann, im schlimmsten Fall verendet die Katze in ihrer Falle elendig, falls ihr das Atmen durch die Quetschung schwerfällt und sie niemand rechtzeitig findet. Ich selbst habe schon Katzen gesehen, die gekippte Fenster problemlos als Ein- und

Ausgang verwendet haben, ohne dabei in eine missliche Lage zu geraten. ABER, gekippte Fenster sorgen in deutschen Haushalten für einen Großteil der Verletzungen und Todesfällen bei Katzen. Es ist also bestimmt eine gute Idee Fenster mit einem Kippschutz zu versehen oder die Fenster eben ganz zu öffnen. Die meisten Katzen möchten ohnehin nicht aus dem dritten Stock springen, sondern nur auf dem Fensterbrett ihre Umgebung beobachten. Wenn Sie sich trauen, können Sie Ihre Katze beim Umgang mit geöffneten Fenstern beobachten und dann entscheiden, wie Sie diese Situation für Ihre Katze möglichst sicher gestalten können. Falls die Katze eine Zeit lang alleine in der Wohnung verbringen sollte, dann sind Kippschutz und Ähnliches eine gute Idee, schließlich ist niemand sofort zur Stelle, um sie im Zweifelsfall zu befreien.

Pflanzen, die zu meiden sind

Hinsichtlich der für die Katzen giftigen Pflanzen, ist es immer gut eine ausführliche Liste zur Hand zu haben:

A: Adonisröschen, Agave, Akelei, Aloe Vera, Alpenveilchen, Amaryllis, Avocado und Azaleen

B: Begonie (Schiefblatt), Belladonnalilie, Berberitze, Besenginster, Birkenfeige (Ficus benjamini), Bittermandel, Buchsbaum, Buntwurz und Buschwindröschen

C: Calla, Chilipflanze, Christusdorn, Chrysanthemen und Clematis

D: Dattelpalme, Dieffenbachie und Drachenbaum

E: Edelweiß, Efeu, Eibe, Einblatt, Eisenhut und Engelstrompete

F: Farne, Faulbaum, Feldstiefmütterchen, Fensterblatt, Fingerhut, Flamingoblume, Flammendes Kätchen, Flieder und Frauenschuh

G: Geißblatt, Geranien, Ginster, Glockenbilsenkraut, Goldlack, Goldregen und Gummibaum

H: Hahnenfuß, Hartriegel, Heckenkirsche (rot), Hortensien, Hundepetersilie und Hyazinthen

J: Jasmin

K: Kaiserkrone, Kaladie, Kartoffelpflanze, Kirschlorbeer, Knoblauch, Korallenbeere, Kreuzkraut, Krokus und Kroton (Wunderstrauch)

L: Lebensbaum (Thuja), Lein, Liguster, Lilien und Liliengewächse, Lorbeeren und Lupinen

M: Magnolie, Mahonie, Maiglöckchen, Märzbecher, Mistel, Mohn und Schlafmohn

N: Nachtschatten und Nachtschattengewächse, Narzissen, Nelken und Nießwurz

O: Oleander und Orchideen

P: Palmfarn, Papierblume (Zimmercalla), Philodendron, Primel und Purpurtute

R: Rainfarn, Riemenblatt, Rhododendron, Rittersporn, Ritterstern, Rizinus (Wunderbaum), Robinie und Ruhmeskrone

S: Sadebaum, Schachtelhalm, Schlüsselblume, Schneeball, Schneeglöckchen, Seidelbast, Stechapfel, Stechpalme (Ilex), Spindelbaum, Strahlenaralie (Schefflera) und Sumpfdotterblume

T: Tabakpflanzen, Tollkirsche, Tollkraut, Trollblume (Butterblume) und Tulpe

U: Usambaraveilchen

V: Vanilleblume

W: Waldmeister, Wandelröschen, Weihnachtsstern, Wicken, Wolfsmilch und Wolfsmilchgewächse und Wüstenrose

Y: Yucca-Palme

Z: Zaunrübe, Zimmeraralie, Zwiebeln und Zwiebelgewächse

Quelle: Glücknasen e.V.

Und noch ein Tipp: Falls Sie Ihrer Hauskatze eine katzenfreundliche Pflanze zugänglich machen möchten, dann setzen Sie auf Katzengras. Das Katzengras hilft den Katzen ganz allgemein dabei ihren Verdauungstrakt haarfrei zu halten. Besonders zu Zeiten des Fellwechsels verlieren Katzen mehr Haare, als sie es sowieso schon tun. Diese Haare werden dann bei der täglichen Fellpflege mal mehr mal weniger aufgenommen und liegen dann irgendwann schwer im Magen. Die Katze würgt diese Haarballen in der Regel hoch und spuckt sie mit ein wenig Magensaft oder halb verdautem Futter aus. Das ist ganz natürlich und lässt sich durch den Verzehr von Katzengras noch vereinfachen. Es ist überaus wichtig, dass die Katze sich von den Haarballen im Verdauungstrakt befreien kann, da diese sonst eine Ursache für Darmverschluss sein können. Gerade der Katze, die keinen Freigang hat, Katzengras anzubieten, ist also hilfreich. Das Katzengras unterstützt die Ausscheidung der Haarballen im Rückwärtsgang. Empfehlenswert sind Weizenkeimgras/Roggenkeimgras/Gerstenkeimgras (eher weich) oder Zwerg-Zyperngras (eher knusprig). Aber auch die Grünlilie und das kriechende Schönpolster sind gute Knabbereien, die dazu noch schön aussehen. Voraussetzung ist natürlich immer, dass die Pflanzen unbehandelt sind!

Die Katze verstehen lernen: Katzensprache

Sich ein wenig mit der Katzensprache auszukennen, ist sicherlich in Hinblick auf die Verständigung mit der Katze nützlich. Die Katzensprache ist in der Regel leicht zu deuten, auch wenn jede Katze ihre eigenen kleinen Feinheiten und kommunikativen Nuancen mit sich bringt. Sie werden nun einige generelle Kommunikationsweisen der Katze kennenlernen, die Ihnen dabei helfen Ihre Katze besser zu verstehen und die individuellen Feinheiten besser zu deuten.

Das Miauen ist eine ganz klare Botschaft für den Menschen und muss situativ interpretiert werden. Miaut die Katze vor dem Fressnapf, vor der Toilette, vor der Tür oder vor dem Fenster, sind die Wünsche eigentlich klar. Viele Katzen „quatschen" gerne mit ihren Menschen! Das wohlbekannte Fauchen, Zischen und Knurren hingegen deutet auf Unsicherheit, Angst und Aggression hin. Dann sollten Sie Ihrer Katze lieber aus dem Weg gehen.

Aber auch die Körpersprache spielt eine wichtige Rolle! Ist der Katzenschwanz grade nach oben gestreckt, ist die Katze selbstbewusst, offen und neugierig. Ist der Schwanz buschig und/oder zittert, hat die Katze Angst und ist bereit zum Angriff. Sollte der Schwanz mal unter dem Bauch der Katze klemmen, dann ist die Angst sehr groß! Auch die Ohren verraten viel über den Gemütszustand der Katze. Meist drehen sich die Ohren in die Richtung, aus der die Katze Geräusche wahrnimmt. Sollten die Ohren nach hinten

angelegt sein, ist die Katze ziemlich sauer! Auch weit aufgerissene Augen mit einer gespannten Körperhaltung können auf Aggression hindeuten. Leicht geschlossene Augen und eine entspannte Körperhaltung sind ein Zeichen für Zufriedenheit. Sollte Ihre Katze Ihnen zuzwinkern, dann zwinkern Sie ruhig zurück – das ist ein nett gemeintes Lächeln in Katzensprache. Ein weiterer Liebesbeweis ist das vorsichtige Knabbern während der Streicheleinheiten an Ihren Fingern oder Armen. Das kann zwar mitunter unangenehm sein, ist aber äußerst positiv zu werten. Auch das Anstupsen und Reiben mit dem Kopf ist eine liebe Geste: Ihre Katze freut sich Sie zu sehen!
Sicherlich hat jede Katze ihre ganz eigenen kommunikativen Feinheiten, die es zu entdecken gilt.

Kapitel 4: Welches Equipment benötigen Sie für Ihre Katze?

Falls es nun für Sie feststeht, dass Sie gerne eine Katze in Ihre Familie aufnehmen möchten, dann ist es nun an der Zeit sich über das notwendige Equipment Gedanken zu machen. Eines möchte ich vorneweg betonen: Die Katze hat in der Natur rein

gar kein Equipment dabei und vermutlich haben Sie in der freien Wildbahn noch keine Katze ihre Maus aus einem Futternapf essen sehen.

Es geht also weniger darum, was die Katze an Equipment benötigt, sondern was wir Menschen als Halter denken, was die Katze benötigt. Die Katze würde ihr Futter auch direkt vom Küchenboden essen – gefallen würde es Ihnen als Halter bestimmt eher weniger, oder? Genau, es geht darum, welches Equipment Ihnen das Zusammenleben mit Ihrer Katze erleichtert.

Es gibt durchaus Katzen, die sich auf dem Arm zum Tierarzt tragen lassen – dies ist natürlich eher die Ausnahme, weswegen ein wasserdichter Transportkorb oder eine wasserdichte Transporttasche durchaus praktisch sein können. Auch wenn Shopping für das Haustier mindestens so viel Spaß macht wie das Shopping für sich selbst, gilt auch hier, dass weniger mehr ist. Dank Werbung und ausufernden Angeboten wird uns suggeriert, dass unsere Katzen Unmengen Equipment für ihr Lebensglück benötigen, dabei kommt eine Katze auch ganz ohne Equipment zurecht. Sehen wir uns also an, was wir Menschen als Halter an Equipment für die Katze benötigen könnten!

Das richtige Equipment für die Nahrungsaufnahme/-zubereitung

Ganz egal, wie Sie Ihre Katze ernähren: Ihre Katze benötigt mindestens einen Wassernapf und einen Futternapf/-teller. Manche Katzen bevorzugen es von einem Teller zu essen (ganz nebenbei landet dabei auch weniger Futter auf dem Boden), da sie dabei ihren Kopf nicht in eine enge Futterschüssel stecken müssen. Der Napf sollte auf einer rutschfesten Unterlage stehen und möglichst breit und flach sein. Grundsätzlich eignen sich aus Hygienegründen Keramik-, Glas-, Edelstahl- und Porzellannäpfe besser, als Plastiknäpfe.

Das Problem mit den Futternäpfen aus Plastik ist, dass sie leicht zerkratzen und auch schon feinste Kratzer können dazu führen, dass Gerüche und Aromen im Plastik verbleiben. Das mag unserer unsensiblen Menschennase zunächst nicht auffallen, aber unseren tierischen Begleitern fällt dies sofort auf. Katzen sind reinliche Tiere und würden in der Natur keinesfalls von verunreinigten Stellen essen. Manchmal bleibt ihnen beim Zusammenleben mit Menschen nichts anderes übrig, wenn keine Alternative besteht. Der strenge Geruch der Plastikschüsseln veranlasst viele Katzen dazu, ihr Futter aus dem Napf zu nehmen und neben dem Napf zu verzehren. Für die Katzen ist es ganz klar: Selbst kleinste Futterreste können potenziell Keime enthalten und davor möchte sich die Katze intuitiv schützen. Es ist also ratsam (und optisch auch vertretbarer), wenn Keramik-, Glas-, Edelstahl- oder Porzellannäpfe verwendet werden. Diese lassen sich leicht waschen, punkten zumeist mit einer ansprechenden Optik und nehmen Gerüche nicht so intensiv an, wie es bei Plastiknäpfen der Fall ist. Bei Edelstahlnäpfen sind sich Katzen nicht immer einig: Den einen macht der metallische Geruch nichts aus, die anderen Katzen stört der metallische Geruch sehr. Auch kommt es häufig vor, dass die Edelstahlnäpfe keine anti-rutsch Gummiringe haben und für die Katze störende Geräusche auf dem Boden verursachen, wenn sie beim Fressen gegen den Napf stößt. Mit Glas- und Keramiknäpfen machen Sie nichts falsch.

Wie lange Schnurrbarthaare hat Ihre Katze? Die Katze sollte die Möglichkeit haben zu fressen, ohne dabei ständig mit den Schnurrbarthaaren an den Futternapf zu stoßen. Das heißt, dass der Futternapf einen möglichst niedrigen Rand und einen möglichst großen Durchmesser haben sollte. Die Tasthaare unserer tierischen Begleiter sind sehr empfindlich und somit vermeiden Katzen in der Natur penetrante Berührungen an den Schnurrbarthaaren. Falls Ihre Katze tatsächlich sehr ausladende Schnurrbarthaare hat, dann ist ein Teller die ideale Alternative zu einem Futternapf. Und das gilt auch für Wasser! Katzen trinken in der Regel nicht sehr viel, aber wenn sie trinken, dann bitte schnurrbartfreundlich. Besonders verlockend sind für Katzen bis zum Rand gefüllte Tassen, die nicht in unmittelbarer Nähe zum Futterplatz und der Toilette stehen. Der Grund dafür ist, dass Wasserstellen in der Natur möglichst rein sein sollten und durch die Nähe von Futterplatz/Toilette und Wasserstelle, könnte es möglicherweise zu einer Verunreinigung des Wassers mit

Fäkalien, Blut oder Ähnlichem kommen. Diesen Instinkt legt die Katze natürlich in der Wohnung nicht ab, sondern ist überaus glücklich darüber, wenn Sie Wasserstelle, Toilette und Futterstelle separieren.

In einem Mehrkatzen-Haushalt bietet es sich an, einen Futternapf und eine Wasserquelle pro Katze bereitzustellen. Der Grund dafür ist, dass Katzen durchaus untereinander rivalisieren und kleinere Machtkämpfe ausüben. Leider ist in einer Wohnung meist nicht so viel Platz, dass die Katze ihr Revier verlagern könnte und wird dann täglich von einer ranghöheren Katze beim Essen gestört. Diese subtilen Machtkämpfe sind für uns Menschen schwer erkennbar. Manchmal reicht schon ein penetrantes Anstarren der einen Katze, um die andere Katze in Stress zu versetzen. Sollte dies bei Ihren Katzen der Fall sein, können Sie die Katzen in verschiedenen Räumen füttern und durch diese räumliche Trennung mehr Entspannung in die Fütterungszeit bringen.

Probieren Sie jedoch gerne aus, was Ihrer Katze besser gefällt. Aus Gründen der Hygiene können Sie beispielsweise ein abwaschbares Tischset oder Ähnliches unter den Futternapf/-teller stellen, damit eventuelle Schlabbereien im Nu entfernt werden können. Es wird immer wieder gesagt, dass der Wassernapf mindestens zwei Meter von dem Futternapf entfernt stehen sollte, da die Katze in der freien Natur auch nicht unmittelbar neben der Wasserquelle fressen würde, weil sie diese nicht mit ihrer „Beute“ mischen will. Sollten Sie diesen Abstand in Ihren Räumlichkeiten so nicht anbieten können, wird Ihre Katze Ihnen dies verzeihen. Es gibt viele Katzen, die sich ganz problemlos an die Nähe von Wassernapf und Futternapf gewöhnt haben!

Im Zoofachhandel, Drogeriemarkt oder Supermarkt werden Sie mehr als einmal auf „Katzengras“ stoßen und sich fragen „Benötigt meine Katze das wirklich?“ Nein, das tut sie nicht, falls Sie Zugang zu frischem Gras draußen hat. Das Gras ist nicht etwa als Dekoration für die Katze gedacht, sondern vielmehr eine Hilfe zur verbesserten Verdauung. Dazu muss aber nicht zwingend Katzengras angeschafft werden, sondern auch frische Kräuter im Essen gefallen einigen Katzen gut.

Möbel: Für die Katz´?

Mittlerweile gibt es eine Vielzahl von Katzenmöbeln, mit denen wir theoretisch jeden Quadratmeter unseres Heims zustellen könnten. Falls Sie vorhaben Ihrer Katze zu erlauben Sofa, Bett, Stühle, Schränke, Kommoden und Ähnliches „mitzubenutzen", wird Ihre Katze kaum extra Möbel benötigen. Mit einem Kratzbaum machen Sie jedoch für gewöhnlich nichts falsch. Sie bieten Ihrer Katze einen Rückzugsort und optimale Kratzmöglichkeiten. Auch an Kratzbrettern, kann sich Ihr Vierbeiner austoben. Falls Sie sich natürlich schon darauf freuen mehr als die nötigen Katzenmöbel auszusuchen, dann freut sich Ihre Katze bestimmt auch über ein paar Extra-Möbel.

Bedenken Sie aber, dass Katzen nicht unbedingt zwischen „Menschen- und Katzenmöbeln" unterscheiden und im Zweifelsfall zusammen mit ihren Menschen auf dem Sofa faulenzen möchte! Natürlich ist es löblich, wenn Sie Ihrem Liebling eine Kuschelhöhle oder Schlafhöhle anbieten, aber die meisten Katzen suchen sich ihren Schlafplatz doch lieber selbst aus. Fällt die Wahl zufällig auf die von Ihnen bereitgestellte Kuschelhöhle, haben Sie Glück!

Besonders junge Kätzchen ohne Freigang haben großen Gefallen an allen Arten von Möbeln, ganz egal, ob es nun ein Katzenkratzbaum oder ein Hundekörbchen ist. Alles, was sie entdecken, bestaunen und bespielen können, passt ihnen wunderbar ins Konzept. Falls Sie sich also dazu entscheiden junge Kätzchen aufzunehmen, dann kann die Anschaffung eines Katzenkratzbaumes, Kratzgelegenheiten oder Ähnlichem lohnend sein, um die Kleinen zu unterhalten und bei Laune zu halten!

Ein Kratzbaum hält viele Katzen davon ab, ihre Krallen an Tapete oder Möbelstücken zu wetzen. Und auch wenn Ihre Katze Zugang zu Abenteuern im Freien hat, wird sie doch das ein oder andere Mal ihre Krallen in die Seite des Sofas schlagen oder an der Tapete herunterziehen. Wieso? Weil Katzen durch das Kratzen ihr Revier markieren. Manche Katzen sind, was die Reviermarkierung angeht, fleißiger als andere und dementsprechend würde ich Ihnen raten einen kleinen Katzenkratzbaum zur Verfügung zu stellen, um mögliches Möbelkratzen von vorneherein uninteressant zu machen – falls denn überhaupt notwendig.

Das passende Equipment für die Pflege

Es gibt durchaus Katzen, die ohne jegliche Pflege durch ihre Menschen wunderbar gepflegt sind. Je nach Felllänge bietet es sich aber an mit einer Tierhaarbürste, einem Noppenhandschuh oder einem Metallkamm das Fell zu pflegen. Besonders die Suche nach Ungeziefer (Flöhe, Milben, Zecken, ...) klappt mit einer Bürste oder einem Kamm wesentlich besser. Sollte Ihre Katze besonders lange Haare haben oder ein gewisses Alter erreicht haben, in dem sie sich nicht mehr ganz so ausgiebig um die Pflege ihres Fells kümmern kann, können sich kleine Knoten und Verfilzungen im Fell der Katze bilden, die es mit einer Frisörschere oder einem Trennmesser zu entfernen gilt. Sie können es sich schon denken: Nicht jede Katze mag es gekämmt oder gebürstet zu werden. Natürlich können Sie in diesem Fall Ihre Katze mit ein wenig Geduld und Training an die Fellpflege gewöhnen, aber vermutlich wird sie nie eine der Katzen werden, die beim Kämmen in vollem Genuss auch den Bauch zur Pflege freigibt.

Die Katze baden oder duschen sollten Sie nur im äußersten Notfall, denn die allermeisten Katzen hassen dies und werden sich mit aller Kraft dagegen wehren – was durchaus zu Ihrem Nachteil ausgehen kann. Sollte es medizinisch oder aus hygienischen Gründen notwendig sein, führt natürlich kein Weg an einem Bad vorbei. Somit können Sie aber zunächst auf „Haustiershampoo" und ähnliche Angebote in Ihrem Zoofachhandel einen großen Bogen machen. Katzen sind unglaublich reinliche Tiere und widmen sich mehrmals täglich hingebungsvoll ihrer Körperpflege. Sie werden also wahrscheinlich keinen Anlass haben mit einem Bad nachzuhelfen, denn Katzen riechen nicht unangenehm und reinigen sich bei Bedarf selbst sehr effektiv.

Beim Thema „Krallenschneiden“ kommt es immer wieder zu Diskussionen. Bei einer gesunden Katze, die ausreichend Möglichkeiten hat ihre Krallen zu wetzen und zu toben, gibt es für Sie als Halter keine Notwendigkeit die Krallen zu schneiden. Vielleicht möchten Sie, dass Ihre Katze ihre Krallen nicht mehr am teuren Holzschrank wetzt oder beim Kuscheln piekst es immer wieder aufgrund der Krallen – ja, Ihre Katze ist ein Tier mit Krallen. Sie ist zwar ein domestiziertes Tier, dennoch gehören die Krallen zu einer Katze dazu und sind notwendig, damit sie sich beim Freigang gegen andere Tiere zur Wehr setzen und klettern kann. Bei kranken oder älteren Katzen kann es vorkommen, dass sie die Krallen nicht mehr eigenständig durch Bewegung kürzen können und somit sind sie als Halter in diesem Moment zur Nagelpflege aufgerufen. Dies klappt mit einer entsprechenden Krallenschere wunderbar, vorausgesetzt Ihre Katze lässt diese Prozedur über sich ergehen. Grundsätzlich sollten Sie dennoch eher vorsichtig beim Krallenschneiden vorgehen, um die Katze nicht zu verletzen. Bei besonders wilden Exemplaren bietet es sich an, das Krallenschneiden durch bestimmtes Training (Clickertraining) gemeinsam zu erarbeiten oder eben vom Tierarzt durchführen zu lassen. Die schonende Gewöhnung ist für Mensch und Tier jedoch der stressfreiere Weg!

Benötigt Ihre Katze Spielzeug?

Nein, Ihre Katze benötigt kein extra Katzenspielzeug, weil sie auch an einem gewöhnlichen Tischtennisball, einer Feder, einem Tannenzapfen oder Ähnlichem ihren Spieltrieb ausleben kann. Eine faul herumliegende Socke kann so manche Katze intensiver beschäftigen, als ein extra Katzenspielzeug. Junge Katzen haben einen enorm starken Spieltrieb, den sie ausleben sollten. Falls Sie Ihre eigenen Sachen nicht als Spielzeug hergeben möchten, sollten Sie Ihren Katzen artgerechte Alternativen bieten. Dies muss aber nicht immer das starre Plastikspielzeug aus dem Zoofachhandel sein, sondern kann auch durchaus ein leerer Umzugskarton mit Heu, ein wenig Laub oder Ähnlichem sein. Hier dürfen Sie durchaus kreativ werden, um herauszufinden, womit sich Ihre Katze gerne beschäftigt. Denken Sie daran, dass je älter Ihre Katze ist oder wird, desto geringer ist ihr Spieltrieb! Und falls Sie doch in Shoppinglaune kommen, dann freut sich Ihre Katze sicherlich über ein Spielkissen mit Katzenminze, kleine Katzenbälle oder Ähnliches.

Die Katzentoilette!

Nun denken Sie vielleicht „Eine Katzentoilette benötigt doch jede Katze!“ Nein, nicht jede Katze benötigt eine Katzentoilette. Besonders Freigänger erledigen ihre kleinen und großen Geschäfte gerne draußen. Falls es doch mal im Strömen regnet, wird eben eine Katzentoilette benutzt – falls die Katze eine solche Vorrichtung kennt. Solange Ihre Katze durchgängig Zugang zum Freien hat, ist eine Katzentoilette keine zwingende Anschaffung, kann Ihrer Katze aber durchaus kalte oder nasse Toilettengänge draußen ersparen. Sollte Ihre Katze keinen Zugang zum Freien haben, sollte sie natürlich zwingend eine (besser zwei) Katzentoiletten zur Verfügung haben. Nicht jede Katze möchte ihr kleines Geschäft in der gleichen Katzentoilette verrichten, wie ihr großes Geschäft – auch wenn solch „pingeligen" Katzen eher selten vorkommen, denn die allermeisten Katzen sind sehr anpassungsfähig und verrichten ihr Geschäft eben dort, wo es möglich ist.

Anders sieht es aus, wenn Sie mehr als eine Katze bei sich aufnehmen möchten, denn es gibt durchaus Katzen, die sich keine Toilette mit ihren Mitbewohnern teilen möchten, weswegen immer eine Katzentoilette zusätzlich verfügbar sein sollte. Aber auch hier gilt: Dies muss nicht auf Ihre Katzen zutreffen. Es gibt durchaus Katzenpaare, die ein und dieselbe Toilette benutzen und das ganz ohne Probleme. Sollten Ihre Räumlichkeiten also keinen Platz für drei oder mehr Katzentoiletten bieten, dann ist dies kein Hinderungsgrund für die Anschaffung einer oder zwei Katzen. Dennoch sollte darauf geachtet werden, dass die Katzentoilette an einem möglichst ruhigen Ort steht, um Störungen bei Ihren Geschäften zu vermeiden.

Wie sollte die Katzentoilette beschaffen sein? Auch hierzu kann man, wenn man möchte, hundert verschiedene Meinungen hören. Wir als Menschen entscheiden gerne für unsere Katzen und wenn diese eine Katzentoilette für Ihre

Nachbarskatze ideal sein sollte, muss das nicht auf Ihre Katze zutreffen.
Besonders junge Katzen nutzen eben die Katzentoilette, die von Ihnen als Halter angeboten wird. Diese sollte für sehr kleine Kätzchen mit einem niedrigen Einstieg versehen sein.
Je größer Ihre Katze wird, desto höher wird das Katzenstreu beim Verscharren des Geschäfts fliegen und desto mehr werden Sie sich wünschen eine Katzentoilette mit höherem Rand oder sogar eine geschlossene Katzentoilette zu haben. Geben Sie Ihrer Katze die Möglichkeit diese Katzentoiletten auszuprobieren und in den allermeisten Fällen wird Ihre Katze keine großartigen Probleme mit Ihrer Wahl haben. In der Natur gibt es schließlich auch keine genormten Katzentoiletten und Katzen wurden schon dabei beobachtet an den seltsamsten Orten in den seltsamsten Positionen auf die Toilette zu gehen.

In die Katzentoilette sollte im Idealfall Katzenstreu gefüllt werden. Katzenstreu aus dem Discounter ist in der Regel qualitativ nicht so hochwertig, wie ökologisches Katzenstreu. Aber auch mit Katzenstreu aus dem Discounter wird Ihre Katze keine traumatischen Erlebnisse auf der Katzentoilette erleben. Die meisten Katzen sind auch recht unkompliziert, was das Katzenstreu angeht und nutzen eben das, was sich grade in der Katzentoilette befindet. Besonders junge Katzen lassen sich ideal an verschiedenes/wechselndes Katzenstreu gewöhnen. Hier können Sie mit feinkörnigem oder weichem Katzenstreu experimentieren, um herauszufinden, was Ihrer Katze am meisten zusagt. Sollten Sie eine ältere Katze bei sich aufnehmen, versuchen Sie die bisherigen Streu-Gewohnheiten Ihres neuen Mitbewohners herauszufinden und zu übernehmen. So ersparen Sie Ihrem Liebling zusätzlichen Stress bei der Umgewöhnung und vermeiden unschöne Missgeschicke!

Zeckenzangen, Flohhalsband und Co

Eine Zeckenzange benötigen Sie für den Fall, dass Sie eine Zecke nicht mithilfe Ihrer Fingernägel entfernen wollen oder können – falls Sie auf diesem Gebiet ungeübt sind, sollten Sie Zecken mit einer Zeckenzange entfernen. Zecken holt sich Ihr Liebling in der Regel bei Streifzügen in der Natur. Manche Katzenbesitzer kontrollieren ihre Katze nach jedem Abenteuer im Freien auf möglichen Zeckenbefall, andere Katzenbesitzer gehen dieses Thema entspannter an.

Bestimmt sind Sie bei Ihrer Recherche über katzenrelevante Themen bereits über Flohhalsbänder gestolpert. Während einige Katzenhalter das Flohhalsband für DAS Mittel gegen Flöhe halten, sehen andere Katzenhalter im Flohhalsband eine mögliche Erstickungsfalle. Die Katze kann draußen beim Umherstreifen durchaus mit dem Flohhalsband an einem Ast oder Ähnlichem hängenbleiben und sich dabei ernsthafte Verletzungen zuführen. Alles, was nicht natürlich zur Katze gehört und sich dauerhaft am Katzenkörper befindet, stellt eine mögliche Gefahr dar. Außerdem enthalten Flohhalsbänder, Puder und Sprays meist fragwürdige chemische Zusatzstoffe, wie Methopren, Fipronil,

Imidacloprid und Permethrin, die Ihre und die Gesundheit Ihrer Katze auf Dauer belasten können. Alternativ können Tabletten mit B-Vitaminen oder ökologische Produkte verabreicht werden, was jedoch immer mit einem Tierarzt abgesprochen werden sollte.

Auch Stubentiger können von Würmern befallen werden und somit sollte sich jeder Katzenbesitzer die Frage stellen, ob die Katze mit schulmedizinischen oder natürlichen Mitteln entwurmt werden soll. Eine gute Prophylaxe für einen Befall mit Ungeziefer jeglicher Art ist ein guter Gesundheitszustand der Katze, den Sie als Halter maßgeblich über die Haltung und Ernährung beeinflussen können! Bevor Sie also einen tierischen Mitbewohner aufnehmen, sollten Sie sich die Frage stellen, ob Ihre Katze eventuell durch Freigang oder weitere Haustiere mit Freigang einem Risiko für den Kontakt mit Ungeziefer ausgesetzt ist und auf welcher Basis Sie prophylaktisch oder therapeutisch damit umgehen möchten. In diesem Zuge können Sie direkt einen entsprechend behandelnden Tierarzt aussuchen!

Kapitel 5: Die artgerechte Ernährung einer Katze

Eine Katze satt zu kriegen, ist heutzutage nicht schwer. Sie hingegen artgerecht und gesund zu ernähren, ist eine

Wissenschaft für sich, der wir uns in diesem Kapitel widmen wollen.

Zugegeben, es ist äußerst verlockend einfach in den nächsten Supermarkt zu gehen und dort günstiges Katzenfutter, praktischerweise in Dosen verpackt, zu erstehen. Die allermeisten Katzen fressen dieses Fertigfutter auch ohne größere Probleme und dennoch kann die alleinige Fütterung mit Fertigfutter auf langer Sicht zu einem gesundheitlichen Problem werden. Zumeist steckt in diesem Fertigfutter nicht nur jede Menge Zucker, sondern es fehlt den Produkten auch an wertvollen Nährstoffen. Zumeist ist der Wassergehalt zu gering und der Gehalt an Kohlenhydraten zu hoch – eine ausgewogene Ernährung sieht anders aus und sollte sich am natürlichen Futter der Katze orientieren. Der Griff zum fertigen Trocken- oder Nassfutter ist zwar bequem, aber das stark verarbeitete Futter bietet aufgrund ultrahoher Erhitzung und weiterer Verarbeitungsprozesse leider keine für eine langfristige Gesundheit ausreichenden Nährstoffe. Auch wenn Ihre Bekannte der felsenfesten Überzeugung ist, dass es ihrer Katze mit fertigem Trocken- und Nassfutter wunderbar geht, spiegelt dies lediglich die momentane gesundheitliche Situation wider. Die Langzeitfolgen einer unausgewogenen und einseitigen, durch Zucker belasteten Ernährung zeigen sich nun einmal erst spät und dann in ihrer ganzen verheerenden Pracht!

Die steigenden Zahlen hinsichtlich der Krebs-, Diabetes- und Herzerkrankungen bei Katzen sprechen eine deutliche Sprache und die Verantwortung für die Gesundheit Ihrer Katze liegt bei Ihnen! Die nicht artgerecht gefütterten Katzen gelten so lange als gesund, bis die Folgen dieser schädlichen Ernährung für uns Menschen sichtbar werden. In Form von Tumoren, Nierensteinen, Hautkrankheiten, Erblindung oder Ähnlichem.

Dies heißt nicht, dass Ihre Katze keinerlei fertiges Futter zu sich nehmen sollte, sondern dies bedeutet, dass Sie dieses Fertigfutter mit Bedacht auswählen und es nicht als Hauptnahrungsquelle verstehen sollten. Unter der großen Auswahl an Fertigfutterprodukten verstecken sich einige Sorten mit hohem Fleischanteil, keinem Zuckerzusatz und einem ausgesprochen vielversprechendem Nährstoffprofil. Diese Qualität spiegelt sich verständlicherweise im Preis wider, weswegen immer mehr Katzenbesitzer zu einer ganz anderen Art der Katzenernährung übergehen:

Dem BARFen. Aber was genau versteckt sich hinter BARF? BARF steht für die biologisch artgerechte Rohfütterung von Haustieren. Das heißt für Sie als Katzenhalter, dass Sie das Fertigfutter links liegen lassen und sich selbst um die Zusammenstellung der Mahlzeiten Ihres Stubentigers kümmern. Der Vorteil dieser Fütterungsmethode ist, dass die Katze auf diesem Wege große Mengen tierisches Protein mit allen für sie notwendigen Nährstoffen erhält. In Fertigfutter sind zumeist pflanzliche Proteine zu finden, weil diese in der Herstellung günstiger sind. Sie liefern der Katze jedoch nicht das gesamte Spektrum der Aminosäuren, die sie dringend für ihre langfristige Gesundheit benötigt. Das frische Fleisch enthält unter anderem natürliches Taurin, das dem synthetisch hergestellten Taurin in Fertigfutter in seiner biologischen Wertigkeit haushoch überlegen ist. Die Grundlage für die eigene Herstellung von Katzenfutter ist das umfangreiche Wissen über die verschiedenen von der Katze benötigten Nährstoffe und die entsprechende Zusammenstellung des Futters.

Die Angaben auf dem Dosenfutter richtig verstehen

Glücklicherweise müssen die Hersteller auf den Katzenfutterdosen ziemlich genau deklarieren, was eigentlich in der Dose steckt. Dennoch ist es nicht immer leicht, die Angaben richtig zu verstehen, denn unschöne Details verstecken sich hinter breit gefassten Begriffen. Wussten Sie, dass sich beispielsweise hinter „tierischen Nebenerzeugnissen“ auch Schlachtabfälle, Federn, Füße und

Ähnliches verstecken können? Je genauer die Angaben auf dem Dosenfutter sind, desto eher können Sie als Käufer entscheiden, ob Sie dies im Futternapf Ihrer Katze sehen möchten.

Zunächst einmal lässt sich bei Fertigfutter zwischen **Premium Futter** und nicht Premium Futter unterscheiden. Das Premium Futter zeichnet sich dadurch aus, dass es immer nach dem gleichen Rezept hergestellt wird und somit keinerlei Abweichungen im Nährwertgehalt hat. Das heißt nicht, dass nicht Premium Futter von minderer Qualität sei – aber die Inhaltsstoffe können variieren. Für Katzenhalter, die Wert auf immer die gleiche Zusammensetzung für ihre Katze legen, bietet sich das Premium Futter an.

Zusätzlich kann bei Fertigfutter zwischen **Trockenfutter und Nassfutter** unterschieden werden. Beide Arten des Fertigfutters können aus Fleisch/Fisch, tierischen Nebenerzeugnissen, Vitaminen, Mineralstoffen, Geliermittel, Salz, Farbstoffen, Konservierungsstoffen, Getreideprodukten, Zucker, Hefe und Wasser bestehen. Wie Sie vielleicht bemerkt haben, passen einige der Zutaten nicht unbedingt ins Beuteschema der Katze und sind nur deshalb im Fertigfutter enthalten, damit die Katze das Produkt tatsächlich isst. Dem Trockenfutter wird die Feuchtigkeit entzogen, worauf es seine knusprige Form erhält. Das heißt, dass in 100g Trockenfutter mehr Nährstoffe stecken als in 100g Nassfutter – ein häufiges Argument für die Fütterung von Trockenfutter – aber eben auch bis zu 90% weniger Wasser. Katzen trinken eher wenig und selten, außer sie sind krank, und die natürlichen Beutetiere enthalten natürlicherweise Flüssigkeit. Es bietet sich also nicht unbedingt an, auf Trockenfutter zu setzen, da dies „noch weiter weg“ vom natürlichen Beutetier der Katzen ist. Viele Katzen kauen das Trockenfutter auch nicht, sondern schlingen es in unzerkauten Brocken herunter, was auch die Zähne nicht sonderlich beansprucht.

Mittlerweile sind viele Katzenhalter dazu übergegangen Nassfutter zu geben, damit die Katze mit ausreichend Flüssigkeit versorgt wird. Zusätzlich geben sie frische Knochen oder ein wenig Trockenfutter, damit auch die Zähne der Katze zum Einsatz kommen und gesund bleiben. Das ist sicherlich für uns Menschen als Halter eine praktische Sache, aber artgerecht sieht leider anders aus. Dies merken wir auch immer dann, wenn wir uns die durchschnittlichen Herstellerangaben auf den Verpackungen durchlesen.

Die Inhaltsstoffe

Pflanzliche Stoffe: Diese essen Katzen in der Natur nur in sehr, sehr geringer und vorverdauter Form. Natürlich hat die ein oder andere Maus Getreidereste im Magen, aber in der Gesamtheit steckt viel mehr Getreide im Fertigfutter, als Katzen gut vertragen können. Es sollten also maximal 5% Kartoffeln, Getreide, Möhren oder Reis enthalten sein. Soja und Mais gehören auf keinen Fall ins Katzenfutter, denn das heißt nichts anderes als „im Fleischabfall selbst ist zu wenig Protein drin und somit haben wir proteinreiche Pflanzen hinzugepackt“. Leider sind diese pflanzlichen Proteine für die Katze kaum nutzbar bzw. also von geringer Bioverfügbarkeit.

Tierische Nebenerzeugnisse: Hierbei handelt es sich um Schlachtabfälle und keineswegs um qualitativ hochwertiges Fleisch. Ja, in der Natur essen Katzen auch nicht ausschließlich Muskelfleisch, sondern eben auch Füße, Federn und ähnliches. Allerdings sind diese tierischen Nebenerzeugnisse (Haut, Urin, Haare, Federn und Ähnliches) qualitativ meist nicht mit den „natürlichen tierischen Nebenerzeugnissen“ vergleichbar und somit für Katzen schwer verdaulich. Wenn also auf der Verpackung „tierische Nebenerzeugnisse (u.A. 7% Huhn)“ zu lesen ist, dann bedeutet das, dass aus der Masse an Abfällen 7% Huhn zu identifizieren sind – keine schöne Vorstellung. Besser liest sich dagegen „90% Huhn (davon 70% Muskelfleisch, 10% Leber, 10% Herz)“. Hier wissen Sie genau, was im Futter enthalten ist und können sichergehen, dass es keine Abfallmasse mit schmackhaften Konservierungsstoffen ist.

Die analytischen Bestandteile:

Rohproteine: Hierbei handelt es sich um Proteine, die zum größten Teil aus tierischen Zutaten gedeckt werden sollten. Pflanzliche Proteine sind für Katzen kaum verwertbar und nutzen ihnen somit reichlich wenig. Der Gehalt an Rohprotein sollte bei Nassfutter zwischen 5-15% liegen und eben größtenteils aus tierischem Protein bestehen. Beachten Sie hier die Inhaltsstoffe ganz genau!

Rohfaser/Ballaststoffe: Dies sind für die Katze unverdauliche Stoffe. Liegt der Wert über 1% hat das Katzenfutter kaum einen nennenswerten gesundheitlichen positiven Effekt für die Katze. Diese Stoffe werden unverdaut ausgeschieden und bieten somit keinerlei Mehrwert für die Katze.

Rohasche/Mineralien: Hier geht es um die anorganischen Stoffe, die einen Wert von 2% nicht übersteigen sollten.

Feuchtigkeit: Diese sollte bei 50-70% liegen. Warum? Weil Katzen als Wüstentiere eher weniger häufig trinken und ihren Flüssigkeitsbedarf über das Fressen decken. Das durchschnittliche Beutetier der Katze besteht zu 70% aus Flüssigkeit und dies sollte beim Fertigfutter ähnlich aussehen.

Fett: Zwischen 2-7% Fett sollten im Nassfutter enthalten sein und auch diesmal gilt: Katzen sind Karnivoren und dementsprechend sollte das Fett nicht pflanzlicher, sondern tierischer Herkunft sein.

Die Zusatzstoffe

Taurin: Taurin steckt eigentlich schon im Fleisch, kann aber durch den Garvorgang bei der Herstellung des Futters verloren gehen. Dementsprechend sollten etwa 400-2500mg Taurin zusätzlich im Katzenfutter enthalten sein. Es ist nicht bekannt, ob eine Überdosierung dieses Stoffes zu gesundheitlichen Schäden führt. Bekannt ist aber, dass eine Unterversorgung sehr schnell zu gesundheitlichen Schäden führt. Dies ist auch ein Grund, warum Katzen, die ihr Futter nicht essen möchten, nicht durch Hungern zum Essen gezwungen werden sollten – schon nach kurzer Fastenzeit kann es zu einem Taurinmangel mit negativen gesundheitlichen Folgen kommen.

Vitamine: Auch die Vitamine stecken eigentlich im Fleisch, können aber genau wie das Taurin bei der Erhitzung während des Herstellungsprozesses verloren gehen. Das ist der Grund, warum einige Futterhersteller Vitamine hinzugeben.

Mineralien: Auch die Mineralien sind im Fleisch enthalten, können aber durch das Erhitzen bei der Herstellung verloren gehen. Dementsprechend fügen Hersteller gerne Kalzium, Phosphor, Kalium und Natrium hinzu. Das Verhältnis von Kalzium und Phosphor sollte bei 1,2:1 liegen und das Verhältnis von Kalium zu Natrium sollte bei 2,1:1 liegen – so wie bei den natürlichen Beutetieren.

Farbstoffe, Zucker, Inulin, Geschmacksverstärker, E-Stoffe, Konservierungsstoffe, Antioxidationsmittel, Geliermittel, Karamell, Cassia Gum, Stärke und Ähnliches sollte niemals im Futter enthalten sein.

Nicht nur, dass es Ihrer Katze keinerlei Nährwert bietet, es schadet ihr sogar. Natürliche oder chemische Farbstoffe werden häufig eingesetzt, damit das Katzenfutter für uns Besitzer schöner aussieht – die Katze kann darauf gut verzichten und qualitativ hochwertiges Katzenfutter ist in der Regel ansehnlich. Cassia Gum, Karamell und Inulin sind ein und dasselbe: Zucker. Unter diesen Namen versuchen die Hersteller das Futter zuckerfrei erscheinen zu lassen, was natürlich nicht stimmt. Zucker kann zu Katzendiabetes führen und ist ein hochgradig süchtig machender Geschmacksverstärker. Qualitativ hochwertiges Futter benötigt keine Geschmacksverstärker, weil es natürlich schmeckt. Bei Konservierungsstoffen werden häufig chemische E-Stoffe (E202 beispielsweise) verwendet, die Ihrer Katze auf Dauer schwere gesundheitliche Schäden zufügen können. Auch von Geliermitteln sollte Abstand genommen werden, da hier häufig E-Stoffe eingesetzt werden, die den Fleischsaft zu einer Art Soße machen sollen. Für die Katze absolut überflüssig, eine Maus wird von der Natur auch nicht mit Soße, sondern mit natürlichem Blut serviert.

Falls schwammige oder unklare Begriffe auf der Verpackung zu finden sind, dann bedeutet dies in der Regel, dass die Zutaten nicht von höchster Qualität sind. Denn Hersteller, die bei der Produktion ihres Futters Zutaten von höchster Qualität verwenden, präsentieren dies in der Regel sehr detailliert, verständlich und ausführlich auf der Verpackung. Oftmals versuchen Hersteller fragwürdige Zusammensetzungen auch durch die „Nicht-Nennung" von Prozentangaben zu beschönigen. Falls also nur „pflanzliche Stoffe" ohne jegliche verwendbaren Angaben zum Gehalt auf der Verpackung deklariert sind, sollten Sie dieses Futter meiden.

Ein weiterer Hinweis ist meist auf der Verpackung vermerkt: Wie viel Ihr Tiger vom jeweiligen Futter fressen sollte. An dieser Angabe lässt sich leicht erkennen, ob viele oder wenig Nährstoffe im Futter stecken, die Katze also weniger oder mehr Futter zur Deckung ihres Tagesbedarfs benötigt. Während bei qualitativ hochwertigem Futter täglich vielleicht nur 150g verzehrt werden sollten, müssen Katzen zur Deckung ihres Nährstoffbedarfs auch mal 300g von Discounterfutter fressen. Jetzt können Sie sich ausrechnen, ob das Discounterfutter tatsächlich günstiger ist. Nein, natürlich nicht. Vom „teuren", aber qualitativ hochwertigen Futter müssen Sie weniger füttern und somit gleicht sich das Ganze wieder aus. Zusätzlich bleiben Ihnen höchstwahrscheinlich hohe Tierarztkosten erspart, die sonst durch eine Fütterung von fragwürdigem Futter verursacht worden wären. Nassfutter der Firmen Catz Finefood, Lucky Kitty und Liebesgut sind empfehlenswert!

Was steckt also drin? Der eine Hersteller verwendet ausschließlich Abfallprodukte der Fleischindustrie und andere

Hersteller verwenden tierische Produkte, die auch für Menschen zum Verzehr geeignet wären. Wenn Sie ganz sicher gehen wollen, was im Katzennapf landet, dann dürften die nächsten Kapitel äußerst interessant für Sie sein.

Vorurteile gegenüber dem BARFen

BARFen ist anstrengend, teuer, unhygienisch und zeitraubend. Das muss nicht sein. Als Katzenhalter haben Sie die Pflicht sich mit einer für die Katze artgerechten Ernährung auseinanderzusetzen und diese in Ihren Alltag zu integrieren. Dazu gehört eben auch, sich über die verschiedenen Ernährungsformen zu informieren, also Zeit zu investieren!

Natürlich ist es zeitlich effektiver einige Dosen Katzenfutter beim Einkauf in den Einkaufswagen fallen zu lassen, statt regelmäßig Katzenfutter in der eigenen Küche herzustellen. Mit gut vorbereiteten Rezepten und ein wenig Übung hält sich dieser Zeitaufwand allerdings in Grenzen. Was Sie zusätzlich an Zeit sparen, ist die Zeit, die Sie aufgrund einer mit Nährstoffen unterversorgten, kranken Katze beim Tierarzt verbringen werden, falls dauerhaft minderwertiges Fertigfutter gefüttert wird.

Und dies ist auch schon der nächste Punkt: Im Vergleich zum Discounterfutter ist das BARFen teuer, ja. Allerdings lässt sich mit klug eingekauften Produkten das BARFen günstiger gestalten und mögliche Tierarztbesuche aufgrund einer dauerhaften Fehlernährung fallen aus. Das BARFen mag nicht für jeden Katzenhalter die passende Option sein, sollte aber durchaus in Erwägung gezogen werden, denn so kompliziert, aufwendig, teuer und zeitraubend, ist das BARFen gar nicht – wie Sie im nächsten Kapitel sehen können.

BARFen ist eine großartige Sache, aber nicht für jede Katze, außer das BARFen wird von einem tatsächlich kompetenten Tierarzt begleitet. Schwangere, stillende oder kranke Katzen sollten nicht spontan auf die BARF Ernährung umgestellt werden. Bei Katzen mit Diabetes, Harnstein oder Nierenerkrankungen kann die Umstellung auf BARF jedoch maßgeblich zum Heilungsprozess beitragen.

So könnte das BARFen bei Ihnen zu Hause aussehen

Auch wenn die Katze ihr Futter in der freien Wildbahn roh verspeist, kochen einige BARFer das Fleisch, um eventuelle durch die Lagerung angesiedelte Bakterien abzutöten. Sie haben also die Möglichkeit frisches Fleisch direkt vom Erzeuger roh zu füttern oder handelsübliches Fleisch aus dem Supermarkt wenigstens oberflächlich abzukochen – so sind sie, was Bakterien angeht, auf der sicheren Seite. Durchschnittlich benötigt eine Katze ungefähr 140 Gramm Fleisch mit einem kleinen Happen Leber von ungefähr 5-10 Gramm pro Tag. Anhand von speziellen BARF Rechnern im Internet lässt sich dieser Wert für Ihre Katze ganz genau ausrechnen. Mit diesem zuvor vorgestellten Mittelwert können Sie sich ungefähr ausrechnen, welche Kosten beim BARFen auf Sie zukommen. Hierbei handelt es sich jedoch um überschaubare Kosten von durchschnittlich weniger als einem Euro täglich.

Im Idealfall besteht eine BARF Mahlzeit, die zweimal täglich angeboten werden sollte, zu einem großen Teil aus Muskelfleisch, einem kleinen Teil aus Innereien, Knochen, Fisch, tierischem Fett und optionalen Zusatzstoffen. Geeignete Fleischsorten sind Rind, Pute, Huhn oder auch Lamm.

Welche Zusatzstoffe dem Fleisch zugegeben werden sollten, müssen Sie mit Ihrem Tierarzt absprechen, da Ihre Katze unter Umständen einen erhöhten Bedarf an bestimmten Vitaminen oder Mineralstoffen hat. Beispielsweise ist in dem beim Metzger erhältlichen Fleisch kaum Taurin vorhanden. Katzen benötigen jedoch diese lebensnotwendige Aminosäure. Dementsprechend müssen Sie diesen Stoff und einige weitere Stoffe dem rohen Fleisch hinzufügen. Hierfür gibt es auch Komplett-Präparate. Aber auch hier sollten Sie eine Gabe mit Ihrem Tierarzt absprechen.

Um den Kalzium-Phosphor-Bedarf der Katze zu decken, sollten Knochen mitgefüttert werden, welche von vielen Katzen in gewolfter Form lieber gefressen werden. Falls Sie und Ihre Katze sich für das BARFen begeistern können, sollten Sie die Anschaffung eines qualitativ hochwertigen Fleischwolfs in Erwägung ziehen. Zu Beginn können Sie auf größere Anschaffungen verzichten, denn noch wissen Sie nicht, ob Ihre Katze die Rohfütterung dauerhaft annehmen wird – hier ist viel Geduld gefragt!

Das gehört alles zum BARFen dazu

Zum BARFen gehört vor allem **Muskelfleisch**. Das kann vom Rind, vom Lamm, vom Känguru, vom Lama, vom Huhn, von der Pute usw. sein. Hier sind Ihrer Fantasie keine Grenzen gesetzt. Die einzige zu beachtende Grenze gibt es bei der Fütterung von Wildschweinfleisch – das sollten Sie meiden. Versuchen Sie monatlich etwa zwei bis drei verschiedene Tierarten zu füttern, wobei Sie auch innerhalb der Rezepte mischen können. Beachten Sie, dass auch das Herz bei vielen Rezepten zum Muskelfleisch gezählt wird. Bevorzugt sollte sehniges Fleisch mit Fettabschnitten verwendet werden, welches in möglichst grobe Stücke geschnitten wird. Zu Beginn ziehen viele Katzen fein geschnittenes oder sogar gewolftes Fleisch vor.

Auch **Fett** spielt beim BARFen eine wichtige Rolle und lässt sich über fettreiches Fleisch und Haut in die Mahlzeiten einbauen. Fettreich ist beispielsweise Entenfleisch. Es gibt im Internet kostenlose Fettrechner und BARF Rechner, die Ihnen bei der richtigen Zusammenstellung helfen.

Ein weiterer wichtiger Bestandteil der BARF Rezepte sind die **Innereien**. Also Milz, Niere, Leber, Lunge, Hoden und Hirn. Sie werden selten Rezepte mit Lungen, Hoden und Hirn finden, aber schon eher mit Milz, Niere und Leber. Auch hier ist die Abwechslung wichtig und noch wichtiger: In der Leber ist Vitamin A enthalten, was durchaus überdosiert werden kann.

Es bietet sich also an, Leber täglich nur in kleinen Mengen oder zeitversetzt in größeren Mengen zu füttern.

Blut ist ein weiterer wichtiger Nährstofflieferant, der von Katzenhaltern aber nicht immer gerne verfüttert wird. Die Alternative heißt Supplemente, auf welche später noch genauer eingegangen wird.

Knochen gehören natürlich auch zum BARF. Sie sind schließlich ein wichtiger Nährstofflieferant und Bestandteil der Beutetiere. In Knochen stecken unter anderem Kalzium und Phosphor. Knochen können in Form von Hühnerhälsen, Putenhälsen, Hühnerschenkeln, Karkassen oder Hühnerflügeln verfüttert werden. Sicherlich nicht jeder „Katze's Sache", aber gewolfte Putenhälse wurden bisher von nur wenigen Katzen verschmäht.
Fisch ist ebenfalls ein wichtiger Bestandteil der Rohfütterung. Pro Kilogramm Fleisch sollten 20-50g Fisch verfüttert werden, um den Vitamin D Bedarf zu decken. Gekochter Fisch mit Gräten bietet sich nicht an, da gekochte Gräten leicht splittern und die Katze somit verletzen können. Auch Lammherz enthält Vitamin D und wird von einigen Katzen bevorzugt. Zu viel Fisch sollte nicht verfüttert werden, denn das enthaltene Enzym Thiaminase zerstört das Vitamin B1, welches aber für die Katze enorm wichtig ist.

Supplemente können, müssen aber nicht ein Bestandteil des BARFens sein. Die Supplemente werden immer dann eingesetzt, wenn die Nährstoffe im Fleisch nicht ausreichen oder bestimmte nährstoffreiche Innereien von der Katze verschmäht werden. Aufgrund der Lebensbedingungen der Futtertiere sind meist weniger Nährstoffe in ihnen enthalten, als in freilebenden Tieren, die die Katze sonst fressen würde. Das BARFen ist also nicht unnatürlich, wie man mit Blick auf Supplementlisten meinen könnte, sondern die Aufzucht der Futtertiere ist unnatürlich geworden. Mehr Informationen zu den verschiedenen Supplementen finden Sie in den nächsten Abschnitten!

Die natürlichen **Ballaststoffe** der Katze sind Federn und Fell der Beutetiere. Da diese Bestandteile nur äußerst selten erhältlich sind, können pflanzliche Alternativen hinzugegeben werden, die der Katze die Verdauung vereinfachen. Dabei sollte auf Getreide, Reis und Kartoffeln verzichtet werden. Besser sind Möhren, Zucchini oder Kürbis. Im Idealfall sollte die Katze das Gemüse roh verzehren. Manchen Katzen hilft es, wenn das Gemüse fein geraspelt ist.

BARF Rezeptbeispiele

Wenn es um **Rezepte** geht, dann eignet sich die Frankenprey Methode. Im Internet gibt es kostenlose Frankenprey Rechner, mit denen Sie die Zusammenstellung Ihrer Rezepte ganz genau ausrechnen können. Die Frankenprey Methode ist deswegen so praktisch, weil hier Rezepte schon ganz klar prozentual aufgeteilt sind und Sie diese nur noch in die Tat umsetzen müssen. Zu Beginn der BARF-Bewegung gab es komplizierte Rechner, die schon so manchen Katzenhalter in den Wahnsinn getrieben haben. Hier nun ein Frankenprey Rezept mit Geflügel:

- 850g Muskelfleisch mit mindestens 10% Fettanteil
- 200g Herz
- 50g Magen
- 5-30g Leber
- 100g Lachs oder 30g Forelle
- Zusätzlich ein Komplett-BARF-Supplement oder 2 Tropfen Vitamin E, 10g Bierhefe/1 Kapsel Vitamin B Komplex, 1g Seealgenmehl, 10g Fortain/60ml Blut, 2g Meersalz, 1g Lachsöl, 1g Taurin, 7,5g Eierschalenpulver/Calciumcaronat/9g Algenkalk/14g Calciumcitrat

Sie können hier variieren und sind nicht an eine bestimmte Art von Geflügel gebunden. Sie können verschiedene Teile unterschiedlicher Geflügelsorten mischen.
Bei der Zubereitung gehen Sie dann wie folgt vor:

- Zunächst wird das Fleisch mit kaltem Wasser gewaschen, abgetupft und anschließend in mundgerecht große Stücke geschnitten. Bei Katzen, deren Kaumuskulatur bereits durch Rohfütterung gut ausgebildet ist, dürfen die Stücke gerne auch größer sein.
- Dann rechnen Sie aus, wie viel Gramm BARF Ihre Katze täglich benötigt: Etwa 30g pro Kilogramm Körpergewicht. Nun mischen Sie Fleisch, Fisch und Innereien und teilen das Futter in entsprechende tägliche Rationen auf. Die Ration für den nächsten Tag kommt in den Kühlschrank und alle weiteren in die Tiefkühltruhe. Katzen mögen vor allem frisches Fleisch, das nicht länger als 24 bis maximal 48 Stunden im Kühlschrank stand.
- Die übrigen Zutaten können Sie bereits anmischen und in einer separaten Dose aufbewahren. Diese Zutaten geben Sie kurz bevor Sie das Fleisch servieren über das Futter.

Um das Futter aufzutauen, geben Sie die Ration für den nächsten Tag schon am Vorabend in der Einfrierdose in den Kühlschrank. Stellen Sie die ungeöffnete Dose am besten auf einen Teller, zum Auffangen des Tauwassers. Etwa zwei Stunden vor der eigentlichen Fütterung sollten Sie das Futter aus dem Kühlschrank nehmen und auf Zimmertemperatur erwärmen. Manche Katzen mögen ihr BARF gerne etwas erhitzt, dazu übergießen Sie das Fleisch mit ein wenig heißem Wasser und fügen anschließend die Supplemente hinzu.

Versuchen Sie die ersten BARF-Monate nur abends oder morgens zu BARFen, damit sich alle an die neue Fütterungsart gewöhnen können. Es lässt sich leichter ein wenig „experimentieren“, wenn die Katze nicht morgens und abends mit Frischfleisch versorgt werden muss. Manche Katzen fressen ihr BARF zwei Tage liebend gerne und dann… keine Chance mehr. Das könnte daran liegen, dass das Kauen des Fleischs durchaus anstrengend ist und die Kleinen Muskelkater davon bekommen. Die hilfreiche Alternative für die nächsten Tage könnte gewolftes oder sehr fein geschnittenes Fleisch sein.

BARF Rezept II: Rinder-Geflügel-Mix

Natürlich lassen sich auch verschiedene Tierarten in einem Rezept vereinen. Wichtig ist, dass Sie zunächst die Zutaten einzeln an Ihre Katze verfüttern, um herauszufinden, was Ihrem Tiger schmeckt und was nicht. Sollte Pansen, Haut, Leber oder ähnliches für Ihre Katze gar nicht im Bereich des Essbaren liegen, dann müssen Sie das BARFen nicht aufgeben, sondern können mit entsprechenden Alternativen und Supplementen arbeiten.

Für den Rinder-Geflügel-Mix benötigen Sie:

- 350g Hähnchenflügel (gerne auch gewolft)
- 40g Rinderleber
- 70g Rinderpansen
- 50g Hähnchenniere
- 60g Rinderlunge
- 40g Hähnchenbrust mit Haut (Haut liefert Fett, alternativ kann auch eine Kapsel Lachsöl verwendet werden)
- 50g gekochte Möhren
- 5g Prise Grünlippmuschelpulver (Taurinquelle)

Sie gehen bei der Zubereitung wie beim ersten Rezept vor: Zunächst wird das Fleisch gewaschen, abgetupft und in mundgerechte oder größere Stücke geschnitten. Anschließend alle Zutaten gleichmäßig portionieren, die Portion für den nächsten Tag in den Kühlschrank stellen und alle anderen Portionen einfrieren. Das Grünlippmuschelpulver kann in diesem Fall schon vor dem Einfrieren eingearbeitet werden.

BARF Rezept für Soße

Manche Katzen mögen ihr Futter gerne cremig oder mit einem Klecks Soße. Diese Soße können Sie ganz einfach selbst herstellen, indem Sie einen Teil des Futters mit Wasser pürieren und anschließend über das Futter geben. Das kann vor und nach dem Einfrieren geschehen. Eine Alternative dazu ist eine Hühnerbrühe aus einem Suppenhuhn, fünf Möhren und einer Prise Salz. Die Möhren schneiden Sie in Scheiben, die Innereien des Tiers entfernen Sie. Anschließend geben Sie die Möhren, das Huhn und eine Prise Salz in einen Topf, bedecken alles mit Wasser und lassen das Ganze 2-3 Stunden köcheln. Nun entfernen Sie die Knochen. Manche Katzen mögen die Suppe so, wie sie jetzt ist, andere Katzen bevorzugen die pürierte Variante, bei der Sie alle Zutaten bis auf die Knochen pürieren können. Die Knochen darf Ihre Katze nicht mehr essen, denn diese sind nach dem Kochen spröde und könnten Ihre Katze durch Splittern verletzen.

Der Versuch einer BARF-Anleitung

Sie haben nun an den beiden Rezepten gesehen, dass BARFen keineswegs kompliziert sein muss. Vielleicht fragen Sie sich jetzt, wo Sie Rinderblut, Putenhälse und Ähnliches erhalten. In jeder größeren Stadt gibt es mittlerweile BARF Läden und natürlich sind die verschiedenen Zutaten auch über diverse Online-Versandhandel zu erstehen. Sie müssen auch nicht Vitamin E Tropfen, Bierhefe, Rinderblut, dies und jenes und das und das und das auch noch kaufen, sondern können sich auch gänzlich auf Fleisch, Fisch und Innereien stützen. Es kommt ganz darauf an, was Ihre Katze mag und wie Sie vorgehen möchten. Eine beispielhafte BARF-Reise könnte so aussehen:

1. Sie probieren Rezepte basierend auf Fleisch, Fisch und Innereien aus. Zunächst kaufen Sie geringe Mengen jeder einzelnen für Sie leicht erhältlichen Zutat und präsentieren Sie Ihrer Katze. Darunter sollten Muskelfleisch und Innereien von verschiedenen Tierarten fallen: Flügel mit Knochen, Putenhälse, gewolfte Flügel mit Knochen, gewolfte Putenhälse, Fleisch mit Fett und Fleisch mit Haut. Geben Sie Ihrer Katze Zeit und sich natürlich auch. Bieten Sie konsequent über mehrere Wochen kleinere Leckereien an und notieren Sie sich, was Ihre Katze gerne frisst. Das Fleisch sollte nicht mehr als 10% der gesamten Fütterungsmenge ausmachen und auch nicht mit dem Fertigfutter vermischt werden. Bei

mehr als 10% müssten Sie ein entsprechendes Supplement hinzufügen, um Ihre Katze vor Mangelernährung zu schützen. Wenn Sie das Fleisch mit dem Fertigfutter mischen, kann es zu Verdauungsbeschwerden kommen. Falls Sie möchten, können Sie an dieser Stelle auch kleine Portionen Fertig-BARF (Frostfleisch) ausprobieren. Eine weitere Alternative sind ganze Futtertiere aus dem Fachhandel. Einige Katzen haben große Freude daran ganze Futtertiere zu verspeisen. Um eine optimale Nährstoffversorgung zu gewährleisten, sollten Sie möglichst abwechslungsreich mit den verschiedenen Futtertieren variieren (Fisch, Mäuse usw.). Die Nährstoffzusammensetzung gezüchteter Tiere entspricht nicht denen aus der freien Wildbahn und somit lässt sich hier pauschal wenig über die ideale Zusammensetzung sagen. Es ist gut möglich, dass Ihre Katze mehr als 10 kleine Mäuse täglich frisst, um satt zu werden – Futtertiere können aber auch ein schönes „Topping“ beim BARFen sein!

2. Der nächste Schritt ist, dass Sie kleine Portionen einfrieren und auftauen. Mag Ihre Katze aufgetautes Fleisch? Mag Ihre Katze aufgetautes Fleisch, das mit einem Schuss heißem Wasser übergossen wurde? Oder mag Ihre Katze aufgetautes Fleisch mit selbstgemachter Hühnerbrühe dazu? Finden Sie es heraus!
3. Für alles, was Ihre Katze nicht mag, aber nährstofftechnisch braucht, suchen Sie nun einen für

sich passenden Ersatz anhand der folgenden Auflistung:

Blut enthält **Eisen**, **Natrium** und **Jod** – kann mit Blutpulver oder Fortain supplementiert werden.
Herz enthält **Taurin** – kann mit Taurinpulver supplementiert werden. Um den Taurinbedarf zu decken, ist eine große Menge Herz notwendig. Manche Katzen reagieren auf große Mengen Herz mit Verdauungsbeschwerden, was durch eine (Teil-)Supplementierung mit Taurin verhindert werden kann.
Knochen enthalten **Kalzium** und **Phosphor** – kann mit gewolften Knochen, Eierschale, Algenkalk, Calcium-Carbonat, Calcium-Citrat oder Knochenmehl supplementiert werden.
Niere enthält **B-Vitamine** – kann mit B-Vitamin-Komplex oder Bierhefe supplementiert werden.
Fett enthält **Vitamin E** – kann durch Weizenkeimöl oder Vitamin E Tropfen supplementiert werden.
Fisch enthält **Vitamin D** – kann mit Lebertran und Krillöl supplementiert werden.
Leber enthält **Vitamin A** – kann mit Leberpulver oder Lebertran supplementiert werden.

4. Jetzt steht eine Entscheidung an: Möchten Sie ausschließlich mit natürlichen Zutaten arbeiten, ein Fertigsupplement verwenden oder Ihre Supplemente einzeln zusammenstellen? Jede Methode hat ihre eigenen Vor- und Nachteile und Sie alleine entscheiden, was für Ihren Alltag praktischer ist. Falls Sie sich unsicher sind, was die Zusammensetzung der

Rezepte angeht oder sie eigene Rezepte zusammenstellen möchten, dann nutzen Sie für dieses Vorhaben einen BARF Rechner aus dem Internet. Diese sind kostenlos und leicht zu bedienen. So können Sie sicher sein, dass Ihre Katze annähernd alle Nährstoffe, die sie benötigt, in ihrem Futter vorfindet. Es ist immer noch nicht abschließend erforscht, welche Nährstoffe in welchen Mengen benötigt werden. So werden Sie sicherlich zu leicht unterschiedlichen Ergebnissen bei der Nutzung mehrerer BARF Rechner kommen und das ist völlig normal. Orientieren Sie sich am Mittelwert und denken Sie immer daran, dass Sie definitiv besseres Futter zusammenstellen, als jeder Discounter – auch wenn hier und da mal ein Gramm eines Nährstoffs fehlen sollte.

5. Nun sollten Sie alle benötigten Supplemente, einen Vorrat an Dosen oder Gläser zum Einfrieren und ausreichend Motivation haben, um mit Ihrer BARF-Reise fortzufahren. Der nächste Schritt ist, dass Sie sich nach der Frankenprey oder einer anderen im Internet verfügbaren Methode ein Rezept zusammenstellen und zubereiten. Verwenden Sie zunächst ein einfaches Rezept, wie zuvor schon beschrieben und tauschen Sie gegebenenfalls Leber gegen das entsprechende Supplement aus, falls Ihre Katze keine Leber mag oder geben Sie ein Fertigsupplement hinzu. Die Fertigsupplemente sind zwar praktisch, lassen sich aber nicht für jedes Rezept

verwenden und sind in ihrer Zusammenstellung auch oft kritisiert worden. Für den Anfang ist ein solches Fertigpräparat aber sicherlich nicht schlecht! Schlechter als Discounterfutter definitiv nicht...

6. Jetzt geht es für Ihre Katze los: Erhöhen Sie den Anteil an BARF wöchentlich um etwa 5-10%. Falls Sie nur morgens oder nur abends BARFen möchten, belassen Sie es schließlich bei 50%, ansonsten gehen sie hoch bis zu 100%. Dieser sanfte Übergang macht es den meisten Katzen einfacher. Wenn Sie merken, Ihre Katze braucht keine Samtpfotenbetreuung, dann können Sie auch schneller vorgehen.

Die Komplett/Fertig-Supplemente im Detail

Die Komplett- oder Fertigsupplemente eignen sich wunderbar als Einstieg in das Abenteuer BARFen. Auf dem Präparat ist genau verzeichnet, welche Nährstoffe enthalten sind und welche frischen Zutaten hinzugefügt werden müssen. Also denkbar einfach. Aber, um an ein qualitativ hochwertiges Präparat zu gelangen, gilt es einige Hinweise zu beachten.

Zunächst einmal sollten Sie sich die Zusammensetzung des Präparats genauer ansehen und möglichst sollten kein Zucker, keine Milch, keine pflanzlichen Öle, keine pflanzlichen Nebenerzeugnisse, keine Kräuter, kein Getreide, kein Vitamin C, kein Beta-Carotin, keine Samen und keine Nüsse enthalten sein. Das sind alles Stoffe, die die Katze nicht benötigt.

Was aber enthalten sein sollte, sind Taurin, Jod, Zink, Eisen, Mangan, Kupfer, Vitamin A/D/E/B und Kalzium. Möglicherweise ist kein Taurin enthalten, dann sollte auf der Packung vermerkt sein, wie viel Herz zu einer Portion Futter hinzugegeben werden muss. So verhält es sich auch mit allen anderen eventuell fehlenden Nährstoffen. Und auch hier gilt wieder: Ist der Hersteller sich seiner Sache sicher und kann mit qualitativ hochwertigen Zutaten und einem vertretbaren Endergebnis locken, stehen alle relevanten Angaben gut verständlich auf der Packung. Bei schleierhaften Angaben – Finger weg! Unseriöse Anbieter werben auch gerne damit, dass ein Präparat sowohl für Hunde, als auch für Katzen geeignet sei. Vollkommener Blödsinn, denn der

Nährstoffbedarf von Hunden und Katzen ist komplett verschieden und lässt sich niemals auf gesunde Weise durch ein einziges, gemeinsames Präparat abdecken.
Bei der Nutzung dieser Komplettpräparate halten Sie sich am besten an die Angaben auf der Verpackung. Dort ist bei einem guten Produkt vermerkt, wie viel und welches Fleisch zum Präparat passt!

Die Nährstoffe im Detail

Damit Sie genau wissen, was wo drinsteckt und welche Nährstoffe für Ihre Katze wichtig sind, erwartet Sie nun eine kleine Auflistung der benötigten Nährstoffe:

- Vitamin D steckt in Lammherz, Dorschlebertran, Lachs, Forelle und Sprotten.
- Vitamin B steckt in Niere, Bierhefe, Vitamin B-Komplex und Edelhefe. Bei Katzen mit Nierenproblemen oder Struvit Steinen sollte keine Bierhefe verwendet werden.
- Vitamin A steckt in Dorschlebertran, Leber und Leberpulver. Häufig möchten Katzenhalter Eigelb als Vitamin D Lieferant verwenden. Dies funktioniert aber nur bedingt, weil der Vitamin A Gehalt in Eiern zu gering ist.
- Vitamin E steckt vor allem in pflanzlichen Stoffen, die nur in geringen Mengen (maximal 5%) im Futter vorkommen sollten. Um den Bedarf zu decken können

auch Weizenkeimöl oder Vitamin E Tropfen verwendet werden.

- Ballaststoffe fördern die Verdauung und sollten maximal 5% des gesamten Futters ausmachen. Geeignet sind Möhren, Kokosflocken, gequollene Leinsamen, gequollene Flohsamenschale, Gurken, Zucchini, Kürbis und ungeschälter Sesam.
- Magnesium steckt in Wasser und Spirulina. Normalerweise reicht die natürliche Wasseraufnahme zur Deckung des Magnesiumbedarfs.
- Eisen steckt in Blut, Fortain, Eisentropfen und Milz.
- Kalzium steckt in Knochen, Eierschalen, Knochenmehl, Calcium-Citrat und Calcium-Carbonat. Diese Supplemente sollten aufgrund ihrer feinen Unterschiede bei der Zusammensetzung abwechselnd genutzt werden. Es ist kaum möglich den Kalziumbedarf nur über Knochen zu decken.
- Jod steckt in Fisch, Blut und Seealgenmehl.
- Natrium steckt in Blut, Meersalz und Himalayasalz. Bitte ausschließlich natürliches Salz ohne Rieselhilfen oder Ähnliches verwenden.
- Taurin steckt in Herzen, Taurinpulver und Grünlippmuschelpulver.
- Fettsäuren sind eigentlich im Fleisch enthalten, aber durch die ungünstigen Bedingungen bei der Aufzucht nicht mehr in ausreichenden Mengen. Reines Lachsöl kann den Bedarf an Fettsäuren decken.
- Fett steckt in Haut, Gänseschmalz, Schweineschmalz oder Fettpulver und sollte 10% der Mahlzeit

ausmachen, da dies ein wichtiger Energielieferant für die Katze ist.

Diese Angaben müssen Sie nicht auswendig kennen, aber Sie sollten wissen, wo Sie sie finden. Denn oftmals kommen während der Zusammenstellung der ersten Rezepte doch noch einmal Fragen auf, die sich leicht mit dieser Übersicht beantworten lassen.

Kapitel 6: Kastration, Impfung und Tierarztbesuche

Im Allgemeinen sollte jährlich ein Check Besuch beim Tierarzt für die Katze im Terminplaner stehen. Sollten darüber hinaus

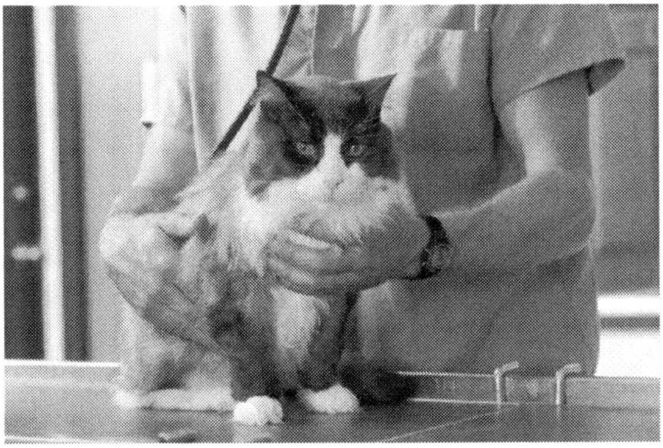

Beschwerden oder Fragen auftreten, sollte der Tierarzt natürlich auch dann aufgesucht werden. Warum ist der jährliche Check beim Tierarzt so wichtig? Weil Katzen ihr Leiden unglaublich gut verstecken können. So gut, dass selbst wir als Halter nicht immer direkt merken, wenn unserer Katze etwas fehlt. Katzen leiden still und machen sich erst bei wirklich starken Schmerzen bemerkbar. Um dennoch mögliche Wehwehchen der Katze rechtzeitig zu erkennen, sollte ein jährlicher Besuch beim Tierarzt eingehalten werden. Einen guten Tierarzt erkennen Sie daran, dass er sich Zeit für Sie und Ihr Tier nimmt, Ihnen keine Behandlungsmethoden oder Therapien vorschreibt und Sie ausgiebig über Ihre Möglichkeiten informiert. Nicht bei jeder Erkrankung sind schulmedizinische Medikamente notwendig und ein erfahrener Tierarzt sollte die langfristige Gesundheit der Katze im Auge haben – diese also nicht unnötigerweise durch die häufige Gabe von Antibiotikum oder Ähnlichem gefährden.

Impfen - ja oder nein?

Besonders bei der Aufnahme von Kitten stellt sich die Frage, ob und wie oft diese geimpft werden sollten. Bei der Aufnahme älterer Katzen ist zu berücksichtigen, ob der Impfschutz noch aktiv ist oder aufgefrischt werden muss. In Deutschland gibt es keine Impfpflicht für Katzen und dennoch impfen viele Katzenhalter ihre Katzen. Im Endeffekt müssen Sie entscheiden, ob und welche Impfungen für Ihre Katze sinnvoll sind und sollten sich dabei von einem Tierarzt beraten lassen. Zum einen können Impfungen Ihre Katze vor möglicherweise sogar lebensbedrohlichen Krankheiten schützen, zum anderen haben Impfungen aber auch ihre Nebenwirkungen. Hier finden Sie die Impfungen im Überblick:

Die Katzenseuche ist eine durch Parvoviren ausgelöste, meist lebensbedrohliche Infektionskrankheit, die nicht auf den Menschen übertragen werden kann. Die Erreger sind gegenüber haushaltsüblichen Desinfektionsmitteln, Einfrieren oder Austrocknen resistent und können teilweise jahrelang überleben. Übertragen werden die Erreger durch Körperflüssigkeiten, Flöhe oder andere Insekten. Die Viren greifen den Darm, das Knochenmark und das Lymphsystem an. Die Inkubationszeit beträgt 2-10 Tage und nach durchschnittlich drei Tagen zeigen sich Symptome wie Müdigkeit, Fieber, Erbrechen und Apathie. Bei Jungtieren kann die Katzenseuche innerhalb weniger Stunden zum Tode führen. Gegen das Virus selbst gibt es keine therapeutischen Medikamente. Die Katze kann höchstens begleitend mit fiebersenkenden, krampflösenden Mitteln behandelt werden. Die Chance sich mit Katzenseuche anzustecken, ist in den ersten vier Lebensmonaten besonders hoch. Eine Grundimmunisierung gegen die Katzenseuche findet in der 8. und 12. Lebenswoche statt. Die Auffrischung sollte jährlich stattfinden.

Der Katzenschnupfen ist eine unter Umständen lebensbedrohliche Komplexkrankheit, die durch Viren und Bakterien ausgelöst werden kann. Die Krankheit ist nicht auf den Menschen übertragbar. Mit dem Katzenschnupfen kann sich eine Katze in ihrem Leben mehrfach anstecken. Eine einmalig durchlebte Krankheit stellt also keinen sicheren Schutz vor weiteren Erkrankungen dar. Die Erreger werden über Nasensekret, Tränenflüssigkeit oder Speichel übertragen und die Inkubationszeit beträgt 2-7 Tage. Die Symptome sind meist tränende Augen, Nasenausfluss, Fieber, Niesen, verminderter Appetit und Müdigkeit. Bei frühzeitiger Behandlung stehen die Überlebenschancen sehr gut, wohingegen ein unbehandelter Katzenschnupfen zum Tode führen oder zu einem chronischen Katzenschnupfen werden kann.

Die Tollwut gilt in unseren Breitengraden als ausgerottet, dennoch werden viele Katzen gegen Tollwut geimpft, um mögliche Erkrankungen durch aus dem Ausland eingeschleppte oder von Wildtieren übertragenen Viren zu vermeiden. Bei einer Ansteckung zeigen sich innerhalb der ersten 24 Stunden Symptome wie starke Zutraulichkeit, die wir von unseren Katzen gewöhnt sind und dementsprechend eher selten als Krankheitssymptom erkennen. In den darauffolgenden vier Tagen zeigen sich die für die Tollwut so typischen Symptome, wie vermehrter Speichelfluss, Aggressionen und eine gestörte Motorik. Letztendlich finden die Tiere nach den vier Tagen einen qualvollen Tod durch Lähmungen. Tollwut kommt in Deutschland nicht mehr vor und dennoch sollen Katzen gegen Tollwut geimpft werden. Die momentan einzige Möglichkeit sich mit Tollwut anzustecken, ist über die Fledermaustollwut. Die Chancen sind für Stubentiger eher gering... Die Erkrankung darf in Deutschland nicht behandelt werden und ist in jedem Fall dem Veterinäramt zu melden. Die erste Impfung gegen Tollwut findet ab der 12. Lebenswoche statt und sollte dann alle 2-3 Jahre aufgefrischt werden.

Die Katzenleukämie ist eine zurzeit nicht heilbare Erkrankung, welche Tumore oder die Störung der Blutzellbildung nach sich zieht, aber nicht auf den Menschen übertragbar ist. In den meisten Fällen verläuft diese Krankheit tödlich, weil sie jahrelang unentdeckt bleiben kann. Eine gesunde Katze kann sich jedoch zumeist selbst gegen das Virus behaupten. Mögliche Symptome sind Appetitlosigkeit, Fieber, Verdauungsstörungen, Zahnfleischentzündungen und schlecht heilende Wunden. Die erste Impfung kann ab der 9. Lebenswoche stattfinden und sollte alle 1-3 Jahre aufgefrischt werden.

Die Feline infektiöse Peritonitis (FIP) ist eine durch ein mutiertes Coronavirus ausgelöste Darmerkrankung. Mit dem Coronavirus kommen rund 50% der Katzen in ihrem Leben in Berührung, jedoch erkranken nur 5-10% der mit dem Coronavirus infizierten Katzen auch an FIP. Im schlimmsten Fall kann diese Erkrankung zu einem Bauchhöhlenerguss, zu einem Brusthöhlenerguss oder andersartigen Flüssigkeitsansammlungen führen, die für viele Katzen tödlich enden. Da die Symptome dieser Krankheit breit gefächert sind (von Appetitlosigkeit bis Entzündungen der Nieren) ist es nicht immer einfach eine Erkrankung festzustellen. Die erste Impfung kann ab der 16. Lebenswoche stattfinden und sollte alle 1-3 Jahre aufgefrischt werden. Die Impfung erfolgt über eine Tropfenbehandlung mit inaktiven FIP Viren und die Wirksamkeit ist umstritten!

Die Grundimmunisierung besteht aus den Core-Impfungen, die Non-Core-Impfungen können aber zusätzlich/gar nicht/ausschließlich gewählt werden. Bei den Core-Impfungen handelt es sich um Impfungen gegen Erreger, die sowohl für die Katze, als auch für den Mensch gefährlich werden können. Die Non-Core-Impfungen hingegen beziehen sich ausschließlich auf die Katze und sind in der Regel für Freigänger gedacht. Die Grundimmunisierung sieht die RCP Impfung in der 8. Lebenswoche, die RCP und Tollwut Impfung in der 12. und 16. Lebenswoche und schließlich die RCP und Tollwut Impfung im 15. Lebensmonat vor. Dieses Schema ist

natürlich nicht bindend und kann/sollte je nach Katze und Lebenssituation verändert werden.
Die Auffrischung der Impfungen findet in der Regel häufiger statt, als notwendig. Grund dafür mag auf einer finanziellen Ebene liegen – für die Gesundheit der Katze ist das übermäßige Impfen eher eine Belastung. Hinterfragen Sie unnötige Behandlungen Ihres Tieres, denn im schlimmsten Fall erreichen Sie durch das „Überimpfen" keine „Übergesundheit", sondern genau das Gegenteil! Katzen gehören zu den Säugetieren und haben somit wie wir Menschen auch ein Immungedächtnis. Dies zu ignorieren ist natürlich lukrativ und Sie werden schnell erkennen, ob Ihrem Tierarzt die Gesundheit Ihres Tieres oder der eigene Geldbeutel mehr am Herzen liegt. In Studien konnte nachgewiesen werden, dass die Immunisierung verschiedener Impfungen etwa sieben Jahre anhält und von Katze zu Katze ganz individuell ist. Einige Katzenexperten empfehlen Hauskatzen die Grundimmunisierung zukommen zu lassen und auf eine Auffrischung zu verzichten.

Natürlich bleiben auch Impfungen nicht ohne Nebenwirkungen und auch dies sollten Sie bei Ihrer Impfentscheidung mitberücksichtigen! Häufig werden die Halter beim Tierarzt eben nicht über die Nebenwirkungen aufgeklärt, sondern erfahren lediglich welche Impfungen gemacht werden können. Das heißt nicht, dass in jedem Fall jede vom Tierarzt empfohlene Impfung notwendig und sinnvoll ist. Nehmen Sie beispielsweise eine alte Katze in Ihren Haushalt auf, die bereits krankheitsbedingte

Beeinträchtigungen hat, wäre das Impfen eine zusätzliche Belastung für den Körper. Noch immer findet keine ausreichende Aufklärung hinsichtlich der Impfberatung statt und Nebenwirkungen werden häufig gar nicht erst erwähnt oder von der Impfung isoliert betrachtet. Es gibt mittlerweile auch ganzheitlich praktizierende Tierärzte, die Sie dahingehend intensiver beraten können. Nicht immer ist der Zeitpunkt für eine Impfung richtig und nicht immer entfalten die Impfungen genau die Wirkung, die sie eigentlich entfalten sollen.

Die Nebenwirkungen können von lokalen Schmerzen (von denen Sie als Halter nicht viel mitbekommen werden, da Katzen zäh sind und sich in der Regel kaum etwas anmerken lassen), über Fieber, Verdauungsstörungen, anaphylaktischer Schock, Störung des Nervensystems, Wesensveränderungen, Müdigkeit, Entzündungen an der Einstichstelle, Appetitlosigkeit, Atemnot, (Kopf-)Schwellungen und Krebs reichen. Der Krebs entsteht dann, wenn sich die Einstichstelle entzündet und sich daraus ein impfbedingtes Fibrosarkom entwickelt. Dieses wird dann häufig operativ entfernt und wächst mit großer Wahrscheinlichkeit fröhlich nach, da die Grundursache für die Entstehung natürlich nicht behoben wurde. Besonders die chemischen Zusatzstoffe und das in den Impfungen enthaltene Aluminium stellte eine potenzielle Gefährdung für die Katzengesundheit dar. Impfungen mit Lebendstoffen enthalten wesentlich weniger fragwürdige Zusatzstoffe und sind den Impfungen mit toten Stoffen vorzuziehen. Die chemischen Zusatzstoffe erhöhen die Reaktion des Immunsystems auf die toten Stoffe.

Denken Sie daran, dass eine artgerechte Haltung, stressfreie Umgebung und nährstoffreiche Ernährung maßgeblich zum Gesundheitszustand Ihrer Katze beitragen!

Die Kastration und Sterilisation

Die Kastration von Katzen birgt einige Vorteile: Die Rolligkeit der Katzen bleibt aus, die Katzen werden menschenbezogener und entfernen sich weniger weit von ihrem Zuhause. Vor allem Kater werden weniger aggressiv, was Stress für Katze und Mensch deutlich reduzieren kann.
Katzen können bereits vor dem Eintreten der Geschlechtsreife kastriert werden. Weibchen werden im Durchschnitt mit 5-9 Monaten geschlechtsreif, wobei Männchen erst mit 8-10 Monaten geschlechtsreif werden. Auch der Zeitpunkt der Geburt und die Rasse spielen beim Zeitpunkt der Geschlechtsreife eine Rolle. Oftmals scheuen Katzenhalter vor einer Kastration zurück, aus Angst die Katze würde nach der Kastration unkontrolliert zunehmen. Die Kastration an sich ist nicht der Grund für die häufige Gewichtszunahme, sondern vielmehr der abgeschwächte Bewegungsdrang der Katze. Dies hängt vor allem damit zusammen, dass die Suche nach Paarungspartnern wegfällt. Eine strikte Ernährung und Animation zur Bewegung können hier natürliche Abhilfe schaffen.

Was ist der Unterschied zwischen einer Kastration und einer Sterilisation? Bei einer Sterilisation werden lediglich die Ei-

oder Samenleiter durchtrennt. Das heißt, dass das für die Hormonproduktion wichtige Gewebe im Körper verbleibt und auch weiterhin für das entsprechende Verhalten sorgt (Rolligkeit, Partnersuche). Bei einer Kastration wird zudem das für die Hormonproduktion wichtige Gewebe entfernt, wodurch die Katze nicht nur unfruchtbar wird, sondern auch ihr paarungsbezogenes Verhalten ablegt.

Ob eine Kastration oder Sterilisation für Ihre Katze sinnvoll ist, sollten Sie zusammen mit dem Tierarzt Ihres Vertrauens entscheiden. Wobei Kastration und Sterilisation besonders bei Freigängern unumgänglich sind, um eine unkontrollierte Vermehrung zu vermeiden.

Kapitel 7: Katzenlangeweile

Besonders junge Katzen haben einen ausgeprägten Spieltrieb, den sie ausleben möchten. Katzen, die keinen Freilauf haben, wird es Zuhause schnell langweilig, weswegen wir als Katzenhalter gefragt sind für entsprechende Beschäftigung zu sorgen. Falls eine Katze über einen längeren Zeitraum Langeweile empfindet, kann es durchaus vorkommen, dass sie sich an Möbeln austobt und dabei in Gefahr gerät. Sie können Beschäftigungsmöglichkeiten schaffen und zusätzlich auch ganz aktiv mit der Katze spielen, was die Bindung zu Ihrer Katze stärkt und intensiviert. Es kann großen Spaß machen sich ausgiebig mit einer Katze zu beschäftigen! Beim Spielen fördern Sie die mentalen und körperlichen Fähigkeiten Ihrer Katze und ganz nebenbei natürlich auch die Gesundheit. Denn Couch Potato-Katzen sammeln unnötige Pfunde an, die sich Nachteilig auf ihre Darm- und Herzgesundheit auswirken. Beim Spielen trainiert die Katze ihre Geschicklichkeit, Schnelligkeit, Mobilität und Konzentration.

Junge Katzen mit ihrem ausgeprägten Spieltrieb haben ein geringes Risiko Übergewicht anzusammeln, ältere Katzen, die gerne von einer Ruhezone zur anderen pilgern, jedoch schon. Somit lohnt es sich auch mit älteren Katzen zu spielen und sie so zur Bewegung zu animieren. Wenn Sie regelmäßig mit Ihrer Katze spielen, stärken Sie die Bindung zu Ihrer Katze und Ihre Katze wird eher gewillt sein, sich an das vorherrschende häusliche System anzupassen und sich an Regeln zu halten. Gelangweilte Katzen können mitunter aggressives und störendes Verhalten zeigen. Lassen Sie es nicht so weit kommen, planen Sie regelmäßige Beschäftigungseinheiten ein und lassen Sie sich immer wieder neue Beschäftigungsmöglichkeiten für Ihre Katze einfallen! Es gibt verschiedene Arten der Katzenbeschäftigung, die Sie in diesem Kapitel kennenlernen. Nicht jede Art der Beschäftigung passt zu Ihnen und Ihrer Katze. Probieren Sie also aus, was zu Ihnen passt!

Passive Beschäftigungsmöglichkeiten

Die passiven Beschäftigungsmöglichkeiten sind die Spielangebote, die Ihre Katze ganz selbstständig ohne Ihr Beisein wahrnehmen kann. Falls die Katze über mehrere Stunden allein bleiben muss, bietet es sich an ihr eine Beschäftigungsmöglichkeit zu präsentieren. Im Zoofachhandel sind natürlich viele entsprechende Angebote zu finden. Aber auch mit haushaltsüblichen Gegenständen können Sie Ihrer Katze die ein oder andere Beschäftigungsmöglichkeit zaubern:

- Aus einem großen Karton und Heu, Laub oder zerknüllter Zeitung lässt sich ein aufregender Spielkarton herrichten.

- Aus kleineren Pappkartons lässt sich ein Katzentunnel basteln, der als Versteck und „Tobeort" dient.
- An einem Holzbrett können Sie Klopapierrollen, Seile, Kästchen, Bürsten und Ähnliches befestigen – Ihre Katze wird große Freude am Austesten haben!
- Mit einigen Regalbrettern, kleinen Leitern und Ähnlichem kann eine Kletterlandschaft bis zur Zimmerdecke an der Wand errichtet werden. Hier kann ein wahrer „Catwalk" entstehen.
- Mit einigen an Sisal festgebundenen Federn können Sie ein Spielmobile basten. Dies sollte natürlich möglichst stabil sein, damit die Katze die Seile nicht abreißt und sich darin verheddert.
- Im Sommer sind in Eiswürfeln eingefrorene Leckerlies eine großartige Beschäftigungsmöglichkeit, die zusätzlich erfrischt.
- Aus leeren Küchenpapierrollen lässt sich ein spannendes Spielzeug basteln. Dazu werden die Küchenpapierrollen gedrittelt und mit Kleber so aneinandergeklebt, dass eine Küchenpapierrollen-Pyramide/Weihnachtsbaum entsteht. Dieses Gebilde kann, an die Wand gehangen oder auf den Boden gelegt und mit Leckerlis befüllt, für langanhaltenden Spaß sorgen.
- Falls Sie einige unterschiedlich große Pappkartons zur Hand haben, können Sie daraus ein Katzenlabyrinth basteln. Dazu werden die Kartons aneinandergeklebt, kleine Eingänge werden ausgeschnitten und das Ganze ist ein idealer Ort zum Verstecken spielen.

Es gibt natürlich noch viele weitere Möglichkeiten die Katze passiv zu beschäftigen und Sie werden sicherlich schnell herausfinden, was Ihrer Katze am meisten Freude bereitet. Denken Sie daran: Eine gesunde Katze ist eine glückliche Katze und Bewegung ist ein essentieller Faktor für langanhaltende Gesundheit!

Aktive Beschäftigungsmöglichkeiten

Die aktiven Beschäftigungsmöglichkeiten sind all die Aktivitäten, die Sie gemeinsam mit Ihrer Katze in Angriff nehmen. Dabei gibt es ganz verschiedene Arten gemeinsam mit der Katze aktiv zu werden. Zum einen können klassische Katzenspielzeuge wie beispielsweise eine Katzenangel, Bälle oder Ähnliches zum Trainieren des Jagdverhaltens eingesetzt werden. Sobald Sie merken, dass Ihre Katze beginnt zu spielen oder Langeweile zeigt, können Sie einsteigen und ihr das gemeinsame Spiel anbieten. Es wird wohl kaum eine Katze geben, die vor Begeisterung nicht gleich angerannt kommt. Sie können die Katze auch von sich aus zum Spielen auffordern, vorausgesetzt, sie hält nicht grade eines ihrer zahlreichen Mittagsschläfchen.

Neben dem Spielen mit Katzenangel und Co gibt es noch die Möglichkeit mit der Katze zu trainieren. Nein, Hantelbank und Brustpresse gehören nicht zur Trainingseinheit, sondern vielmehr ein Clicker und eine Handvoll Leckerlies. Vielleicht haben Sie bereits vom Clickertraining gehört! Das Clickertraining ist eine großartige Möglichkeit, um eine Katze mental zu fördern und dazu bedarf es nicht mehr als einem Klickgeräusch, ein paar Leckerlies und einem Ziel. Auf diese Weise können Sie Ihrer Katze von „Gib Pfötchen!" bis an der Leine laufen alles beibringen, was Ihre Geduld und die Motivation Ihrer Katze hergeben. Dies stellt nicht nur eine unterhaltsame und abwechslungsreiche Beschäftigungsmöglichkeit für Sie und Ihre Katze dar, sondern kann auch zum Abgewöhnen unerwünschter Verhaltensweisen, zum Abbau von Ängsten und Ähnlichem eingesetzt werden. Im Internet gibt es auch Targetstäbe mit eingebautem Clicker. Diese bieten eine tolle Möglichkeit, Target- und Clickertraining miteinander zu kombinieren.

Das Clickertraining

Das Clickertraining ist eine wunderbare Möglichkeit mehr Abwechslung in den Alltag der Katze zu bringen, sie mental und körperlich zu fordern. Besonders für Katzen, die nicht gerne rausgehen oder nicht rausgehen dürfen/können, ist das Clickertraining spannend.

Alles, was Sie dazu benötigen, ist eine aufgeschlossene und neugierige Katze, einen Clicker und ein paar Leckerlies. Den Clicker benötigen Sie, um ein akustisches Signal für die Katze zu setzen. Ziel dabei ist es ihr verschiedene Tricks beizubringen. Dies ist nützlich, um unerwünschtes Verhalten abzutrainieren und erwünschtes Verhalten zu verstärken. Ganz nebenbei macht es Ihnen und Ihrer Katze unglaublich viel Spaß und stärkt Ihre Bindung.

In groben Zügen erklärt, funktioniert das Clickertraining so: Zunächst bringen Sie der Katze bei, dass das akustische Signal des Clickers mit einer kulinarischen Belohnung zu verbinden. Im nächsten Schritt wird dann das akustische Signal in einen Zusammenhang mit einer bestimmten Tätigkeit gebracht. Das kann ein Handzeichen oder ein Wort als Aufforderung zu einer Handlung sein. Kurzum „Sitz“ als Hinweis für die Katze sich doch bitte hinzusetzen. Kommt die Katze dem Wunsch des Personals nach, nutzen Sie den Clicker und schieben ein Leckerli hinterher. So lernt die Katze schnell, was Sie von Ihr möchten und warum es super ist, mitzumachen. Das A und O beim Clickern ist das Timing. Zu Beginn werden schon allerkleinste Bemühungen der Katze mit einem akustischen

Signal und einem Leckerli belohnt. Beispielsweise soll der Kratzbaum statt dem Sofa zum Kratzen genutzt werden. Dann reicht schon der Blick in Richtung Kratzbaum für eine akustische und kulinarische Belohnung. Hier gilt es also besonders aufmerksam zu sein. Katzen und Halter, die sich ein wenig in die Arbeit mit dem Clicker reingefunden haben, können auch ganze Parcours-Landschaften zusammen erarbeiten, zusammen spazieren gehen, apportieren üben und Ähnliches. Hier sind Ihrer Fantasie keine Grenzen gesetzt, außer die Begabungs-/Motivationsgrenze durch den Stubentiger.

Damit Ihr Clickertraining zu einem echten Erfolg wird, sollten Sie einige Hinweise beachten:

- Üben Sie mit Ihrer Katze immer nur so viel, wie Ihre Katze möchte. Bei Überanstrengung wird Ihre Katze kaum noch Lust auf weiteres Clickertraining haben und Sie höchstwahrscheinlich beim nächsten Trainingsversuch ignorieren. Ihre Katze wird Ihnen deutlich zeigen, wenn Sie keine Lust mehr hat – respektieren Sie dies! Unter Zwang kann kein Trainingserfolg entstehen.
- Üben Sie regelmäßig mit Ihrer Katze. Im Idealfall jeden Tag einige Minuten lang, damit eine gewisse Trainingsroutine entsteht und sich Erfolge einstellen können. Es reicht schon wenige Minuten zu trainieren!
- Katzen sind von Natur aus nicht die Schnellsten. Nicht, weil sie nicht intelligent wären, sondern weil sie sich

gerne Zeit lassen. Bringen Sie also Geduld mit, drängen Sie die Katze nicht.

- Gefragt sind kurze, präzise Kommandos. Keine Erklärungen, keine laute Stimme, kein Schubsen oder ähnliches. Beginnen Sie lieber mit leichten Übungen, die niemanden frustrieren.

So sollte das Training bald Früchte tragen!

Ich und Ihre Katze möchten uns bei Ihnen für Ihre Aufmerksamkeit bedanken.

Hat Ihnen das Buch gefallen?

Ich würde mich sehr über eine Bewertung auf Amazon freuen, da Bewertungen sehr wichtig für uns Autoren und andere Kunden sind.

Schlusswort

Liebe Leserin und lieber Leser,

Sie haben sich nun erfolgreich durch dieses Buch über Katzenhaltung gearbeitet und sind hoffentlich schlauer als vorher. Im Idealfall konnte dieser Ratgeber viele oder alle Ihre Fragen bezüglich der Haltung einer Katze beantworten und sie optimal auf den Einzug Ihrer Katze oder Ihrer Katzen vorbereiten.

Sie wissen nun, welches Equipment eine Katze bei Ihnen zu Hause benötigt und auf welches Equipment sie verzichten können... Außerdem haben Sie nun eine grobe Vorstellung davon, wie Ihr Alltag und Ihr Leben mit Ihrem tierischen Mitbewohner aussehen wird und welche Veränderungen auf Sie als Katzenhalter zukommen – natürlich viele positive Veränderungen! Ob Impfung, Flohhalsband oder Kastration, auch über die medizinischen Fragen rund um die Katzenhaltung haben Sie mindestens grundlegende Informationen in diesem Buch gefunden, auf deren Grundlage Sie entsprechende Entscheidungen für Ihre Katze treffen können.

Haben Sie bereits entschieden, ob Sie eine oder mehrere Katzen bei sich aufnehmen möchten? Die meisten Stubentiger freuen sich sehr über eine zweite (oder dritte) Katze im Haus, denn nur mit ihren Artgenossen kann die Katze ihre ureigensten Bedürfnisse ausleben und in einem für sie natürlichen sozialen Rudel leben.

Sie sollten nun alle notwendigen Informationen haben, um eine wunderbare Beziehung zu Ihrer Katze aufbauen zu können und ihr ein artgerechtes Leben zu ermöglichen. Ich wünsche Ihnen viel Freude mit Ihrem tierischen Mitbewohner!

Tanja Lobwald

P.S.: Schauen Sie doch mal auf unserer Webseite **katzensprache-lernen.de** vorbei. Sie können uns auch gerne unter info@katzensprache-lernen.de kontaktieren.

Buchempfehlung

Katzenerziehung von Tanja Lobwald

https://katzensprache-lernen.de/unsere-buecher/

Quellen & weiterführende Literatur

- Braun, M. (2005). Clickertraining für Katzen : Erziehung macht Spaß. Brunsbek: Cadmos.
- http://geliebte-katze.de/information/katzenhaltung/erziehung-der-katze/7-todsuenden-der-katzenerziehung
- http://www.einfachtierisch.de/katzen/katzenerziehung/
- http://www.welt-der-katzen.info/erziehung.html
- http://katzen-online-ratgeber.de/spr-katzensprache-verbal-nonverbal-kratzbaum.htm
- http://katzen-fieber.de
- https://www.deine-tierwelt.de/magazin/katzenhaltung-einzelkatze-oder-mehrkatzenhaltung/
- https://www.pfotenschatz.de/katzenwohnung-katzengerechte-wohnung.html
- http://www.einfachtierisch.de/katzen/katzen-gesundheit/liste-der-fuer-katzen-giftigen-pflanzen-id63296/
- https://www.katzenkram.net/wohnungskatzen/gefahr-fuer-wohnungskatzen-darauf-sollte-man-unbedingt-achten/
- https://www.katzenkram.net/katzen-gesundheit/katzenimpfung/
- http://www.katzenschutzbund-koeln.de/gesundheit/katzenseuche/
- http://www.einfachtierisch.de/katzen/katzen-gesundheit/tollwut-bei-katzen-symptome-id67585/
- http://geliebte-katze.de/information/gesundheit-von-katzen/katze-beim-tierarzt/kastration-von-katze-und-kater
- https://www.katzen-fieber.de/impfungen.php

- https://www.katzenkram.net/katzen-tipps-tricks/katzen-aneinander-gewoehnen/
- https://www.tiergesund.de/medizin/katze/impfung-impfschema
- https://www.katzenkram.net/katzen-gesundheit/katzenimpfung/
- https://www.animals-digital.de/katzen/katzenrassen/
- https://www.katzenhaltung.org/Katzenhaltung/Ernaehrung/Katzenfutter.html
- https://www.katzenkram.net/katzen-ernaehrung/hochwertiges-katzenfutter-erkennen/
- https://www.katzen-fieber.de/supplemente.php

Impressum:
© 2019 Tanja Lobwald
1. Auflage

Kontakt: Lars Hütz/Dückersstraße 9a/40667 Meerbusch
Coverfoto: (idal)/depositphotos.com
Drucker: Amazon Media EU S.à r.l., 5 Rue Plaetis, L-2338, Luxembourg

13480902R00082

Printed in Germany
by Amazon Distribution
GmbH, Leipzig